教育部人文社会科学重点研究基地山东大学文艺美学研究中心基金资助
2015年教育部人文社会科学重点研究基地重大项目:
文化转型中的现代中国文艺美学理论进程（批准号：15JJD750010）

文化转型视野下中国文艺美学现代化进程研究

（1900—1949）

主编　高迎刚
撰稿　高迎刚　傅松雪
　　　王　潇　沈媛媛

山东教育出版社

图书在版编目（CIP）数据

文化转型视野下中国文艺美学现代化进程研究：1900—1949 / 高迎刚主编；高迎刚，傅松雪，王潇，沈媛媛撰稿．— 济南：山东教育出版社，2021.9

ISBN 978-7-5701-1858-8

Ⅰ.①文…　Ⅱ.①高…　②傅…　③王…　④沈…　Ⅲ.①文艺美学－研究－中国－1900—1949　Ⅳ.①I01

中国版本图书馆CIP数据核字（2021）第198827号

WENHUA ZHUANXING SHIYE XIA ZHONGGUO WENYI MEIXUE XIANDAIHUA JINCHENG YANJIU（1900—1949）

文化转型视野下中国文艺美学现代化进程研究（1900—1949）

高迎刚　主编

主管单位：山东出版传媒股份有限公司
出版发行：山东教育出版社
地址：济南市市中区二环南路2066号4区1号　　邮编：250003
电话：（0531）82092660　　网址：www.sjs.com.cn
印　　刷：济南万方盛景印刷有限公司
版　　次：2021年9月第1版
印　　次：2021年9月第1次印刷
开　　本：710毫米×1000毫米　1/16
印　　张：15.75
字　　数：204千
定　　价：52.00元

目录

绪　论　中国文化转型与“文艺美学”兴起　/ 001

第一章　面向未来的“现代化”　/ 019

第一节　文化转型的社会背景　/ 020

第二节　文化转型的发展趋势　/ 023

第三节　文化转型的方向、目的、意义　/ 030

第二章　“文艺美学”概念的核心与边界　/ 040

第一节　“文艺美学”学科发展历史回溯　/ 041

第二节　“文艺美学”概念的核心：学科属性辨析　/ 045

第三节　“文艺美学”概念的边界：诸部门艺术美学　/ 054

第三章　20世纪上半叶文艺审美观念的更新与演化　/ 058

第一节　文化转型前夜的文艺审美观念　/ 060

第二节　文艺审美观念的新旧更迭　/ 064

第三节　“史学观点”与“美学观点”的对立与融合　/ 088

第四节　文艺审美观念的退隐与回归　/ 102

第四章　20世纪上半叶文艺审美范式的转型与分化　/ 111

第一节　“范式”与“文艺审美范式”　/ 113

第二节　传统文艺审美“经典—人文”范式的崩坏与瓦解　/ 120

第三节　全球维度与审美范式转向的艺术呈现　/ 129

第四节　变革时代文艺审美范式的多元并存与动荡纷争　/ 136

第五节　中国近现代文艺审美范式重构的走向与当代意义　/ 148

第五章　20世纪上半叶文艺理论与美学理论体系的建构　/ 150

第一节　文艺学美学核心概念的形成与演变　/ 151

第二节　“文艺理论”体系建构的不同路径　/ 171

第三节　“美学”理论体系建构的不同取向　/ 184

第四节　文艺理论与美学理论的分流与融合　/ 193

第六章　20世纪上半叶文化转型与审美风尚的演化　/ 203

第一节　文化观念的变迁与文人身份的改变　/ 205

第二节　追新逐异的审美风尚及其背后的商业文化逻辑　/ 211

第三节　民族危机与抗争精神的艺术呈现　/ 218

第四节　中国社会现代化转型与多元化审美风尚的形成　/ 224

结语　未完成的现代化与当代文艺美学理论体系的多元结构　/ 229

参考文献　/ 238

后记　/ 248

绪 论

中国文化转型与“文艺美学”兴起

何谓“文艺美学”？迄今依然是一个众说纷纭的话题。然而，“文艺美学”作为一门新兴学科在中国的兴起和发展，却已经是一个不争的事实。

“凡是现实的东西都是合乎理性的”[①]，黑格尔在《法哲学原理》和《小逻辑》中反复强调的这句话，道出了世间万象都必然遵循的客观规律：任何现象的出现，都必然有其产生的因素和存在的道理；而某些因素的存在和规律的作用，也必然会导向特定的现象。只有认识到这一点，才有可能实现“自觉的理性与存在于事物中的理性的和解，亦即达到理性与现实的和解”。[②]此言不虚。

众所周知，“文艺美学”作为一门学科的产生与发展，始于20世纪80年代初，胡经之先生在首届中华美学学会上提议：“高等学校的文学、艺术系科的美学教学，不能只停留在讲授哲学美学原理，而应开拓和发展文艺美学。”[③]也正如许多学者所指出的，胡先生的提议，恰

---

①〔德〕黑格尔：《小逻辑》，贺麟译，商务印书馆1980年版，第43页。

②〔德〕黑格尔：《小逻辑》，贺麟译，商务印书馆1980年版，第43页。

③ 胡经之：《文艺美学及文化美学》，复旦大学出版社2016年版，第3页。

好契合了改革开放之初“拨乱反正”的时代精神，也迎合了十年“文化大革命”结束之后文艺学美学研究领域的学术风尚，而这也成为了“文艺美学”学科在其后不断出现的各种争议之中仍能蓬勃发展的重要原因之一。[①]

“文艺美学”学科的产生与发展，20世纪70年代末80年代初的时代精神与学术风尚自然是其恰当的契机；但其作为一门新兴学科的诞生，却并不是在毫无征兆的情况下遽然出现的现象，而是经历了一个漫长而艰辛的孕育过程。正如谭好哲先生所说：“它以艺术作为审美活动和审美对象的基本属性为现实基础，以美学学科的艺术哲学转向为学术史参照背景，以中国现代文艺学发展的偏颇与失误为历史殷鉴，其产生是有学理依据和历史动因的，是必然的，也是自然的。”[②]风起于青蘋之末，浪成于微澜之间。“文艺美学”学科产生和发展的学理依据和历史动因并非仅仅植根于改革开放之初的那几年，甚至也不仅仅存在于新中国成立以来直到80年代初的三十几年时间里，而是以一种相因相生的姿态，伴随着中国文化现代转型进程的不断发展，向前可以追溯到中国文化从传统逐渐转向现代的遥远年代，向后则可以延伸到中国文化不断焕发生机，直至重新立于世界文明之巅的未来社会。

① 曾繁仁先生在《文艺美学教程》导言中说：“文艺美学学科的产生绝不是偶然的，而是长期以来特别是20世纪70年代以来，中国和世界思想文化与美学、文艺学学科发展的必然结果。首先，它是在我国改革开放新形势下，美学与文艺学领域‘拨乱反正’的必然结果。”（曾繁仁主编：《文艺美学教程》，高等教育出版社2005年版，第1页。）谭好哲先生在《现代视野中的文艺美学基本问题研究》之“文艺美学的学科生成与理论进展”一章中对这一点做了进一步说明：“一方面是美学学科的研究内容和学科形态在发生着转向，要求美学研究从抽象思辨的天国下降到文艺审美的现实中去，一方面是文艺学的研究在摆脱政治、阶级、党派的他律束缚，而要求文艺理论与批评回到艺术的审美属性与审美存在本身。文艺美学就是在这样的知识背景和学术语境中产生的。”（谭好哲、程相占主编：《现代视野中的文艺美学基本问题研究》，齐鲁书社2003年版，第9页。）

② 谭好哲、程相占主编：《现代视野中的文艺美学基本问题研究》，齐鲁书社2003年版，第9页。

一、研究背景

从“文艺美学”产生的学术背景看，这一新兴学科显然是在传统的文艺学、美学发展基础上，顺应时代潮流应运而生的。“文艺美学是20世纪70年代以后在我国兴起的一门新学科，充分反映了新时期文艺学、美学的发展趋势，揭示了文学艺术自身的审美规律，引起了学术界的广泛重视”①，曾繁仁先生为他主编的《文艺美学教程》所做的“导言”中，明确揭示出新兴的“文艺美学”学科与传统的文艺学、美学学科之间的渊源关系，符合“文艺美学”学科产生和发展的实际情况，也得到了大多数学者的认同。

从学科发展的角度看，20世纪七八十年代兴起的“文艺美学”学科，实质上是传统的文艺学、美学现代化进程的必然结果。换言之，“文艺美学”学科的孕育和产生过程，实际上就内在地蕴含于文艺学、美学现代化进程之中。因而，研究“文艺美学”学科萌生的动力机制与发展规律，就必然需要回顾20世纪以来文艺学、美学的发展历程，从中梳理文艺美学概念所蕴含的审美观念、审美范式的形成过程，进而探寻文艺美学理论体系构成的内在依据。

历史地看，中国文艺学、美学的现代化进程并不是孤立存在的社会现象，而必然是从属于整个中国文化现代转型过程的。一方面，文艺美学的现代化进程，必然会在总体上受到中国文化现代转型过程的影响；另一方面，作为文化现象发生发展的风向标，文学艺术的审美观念、审美范式，文艺学美学的理论体系等方面的现代转型，也会在

① 曾繁仁主编：《文艺美学教程》，高等教育出版社2005年版，第1页。按照通常的说法，“文艺美学”作为一门新兴学科的兴起，始于1980年胡经之先生在首届中华美学学会上的一个建议；曾繁仁先生在这段文字中将该学科的兴起时间上推至70年代，是出于对我国台湾学者王梦鸥先生1971年11月在台湾新风出版社出版的《文艺美学》一书的尊重。

一定程度上影响到整个中国传统文化的现代转型进程，尤其体现于时代审美风尚的变迁。

因而，本课题对“中国文艺美学现代化进程”的考察，必然是以整个中国文化的现代转型过程为背景的。而只有当我们在中国文化的现代转型这一宏大视野中理解“文艺美学”孕育与诞生的文化价值时，本课题研究所具有的理论和现实意义才得以凸显出来。

众所周知，汉唐以降，迄于清末，也就是说20世纪之前的中国，中华文明长期居于世界文明领先位置；只是在清朝末年，才在西方文明的野蛮入侵和晚清政府的昏聩统治下逐渐走向没落。20世纪前半叶，积弱积贫的中国逐渐陷入落后挨打的被动境地，中国传统文化不仅在海外影响越来越小，在本国内部也不断遭受质疑。在古今、中西文化的强烈对比中，中国的、传统的文化形态逐渐受到冷落，西方的、现代的文化形态则在20世纪的大多数时间里一直占据着优势地位。这样一种明显带有价值判断性质的对比，虽然并不客观，却在很长时间内造成了中国文化的强烈自卑感。与之相应的是，几乎整个20世纪，国人所谓“现代化”，很大程度上指的就是“西方化”，虽然“西方化”的具体所指在不同时期、不同群体那里并不一致。不仅如此，21世纪上半叶和下半叶，中国文化追求“现代化”的心态也不一样：上半叶多数时期的主流观点是以欧美文化为样板的“西化”论；下半叶多数时期的主流观点则是坚持马克思主义指导下的“中国特色社会主义”理论。坚持“中国特色”这一点非常重要，虽然具体坚持什么，不同时期或群体之间可能存在不同表述，但只有通过对“中国特色”的坚持，才有可能找回中国文化的自信。

时间已是21世纪的上半叶，中国特色社会主义建设进入了“新时代”。对于中国的“现代化”建设而言，目标已经非常清晰：在本世纪中叶建成富强民主文明和谐美丽的社会主义现代化强国。习近平总书记在中国共产党第十九次全国代表大会上所做的报告中，对于新时代中国特色社会主义坚持和发展中国特色社会主义总任务的阐述，对此做出了明确的说明。报告还指出，中国特色社会主义事业的总体布局是“五位一体”，即从经济、政治、文化、社会、生态文明五个方面，推动人的全面发展和社会的全面进步。十九大报告对于中国特色社会主义总任务和中国特色社会主义事业总体布局的说明，实际上也昭示了中国当代社会的发展方向：我们今天正在建设的“现代化”，既非“西化”也非“复古”，而是坚定不移地走中国特色社会主义道路；在这一目标的实现过程中，“文化”作为“五位一体”的组成部分之一，发挥着越来越重要的作用。

准确理解“文化”在中国特色社会主义建设过程中的重要作用，眼光不能只局限于中国社会发展由古及今的线性时间维度，而需要放眼全球，从世界文明发展的不同阶段着眼，如此方能有一个相对准确的理解。简言之，中华文明上一次的辉煌时期出现在人类历史上的农业文明社会，且在数千年中保持了长时间的相对领先地位。而中华文明的相对衰落，则始于西方工业文明时代对外扩张过程中对我国的侵略，自此之后，人类历史处于工业文明时代的大部分时间里，中华文明都是相对落伍的。20世纪80年代改革开放之后，中国人民在中国共产党领导下奋起直追，终于在面向新的文明形态的“后工业文明”时代，重新焕发了生机。可以预见，21世纪的中华文明，必将与包括西方文明在内的其他世界文明一道，共同进入另一种新的社会文明形态；从目前的发展形势看，在这一过程中，中华文明不仅不会落伍，而且已经具备了某些领先的优势。与上一次文明形态的更替（从农业文明到工业文明）不同，从工业文明向下一个文明形态的过渡，推动力不再只是知识和技术，而是更广泛意义上的“文化”，尤其是其中具有风向标意义的“文学艺术”。面向新时代的文明形态更替，决定性的因素已经不再是人类社会同物质世界之间的关系，而主要是由精神世界的发展形态，亦即文化存在的主要形态来界定的。

正是在这一意义上，20世纪上半叶中国“文艺美学”在传统文艺学、美学母体内的孕育和发展，才不单单是文学艺术研究领域的重要理论成果之一，也必将在中国文化的现代转型，以及中国特色社会主义“现代化”建设的实践过程中发挥更大的引领性作用。

二、研究内容与研究思路

本课题研究成果不是一部一般意义上的“文艺美学”学术史，而是一部旨在探讨“文艺美学”产生与发展的历史动因和学理依据的学术著作。因而，其研究内容就不仅仅局限于历时性的学术史料，而更着眼于推理性的逻辑线索，最终目的在于达成历史与逻辑的统一；也正是上述研究内容与研究目的，决定了本课题的研究思路也不可能仅仅停留在材料搜集、整理、编排阶段，而必须以材料梳理为基础，以逻辑分析为手段，有针对性地开展相关研究工作。

简言之，本课题研究的主要内容是20世纪上半叶“文艺美学”概念所蕴含的审美观念、审美范式在传统文艺学、美学母体内的孕育和形成过程（即历史动因，侧重历时性因素），以及“文艺美学”理论体系建构的内在逻辑和发展规律（即学理依据，侧重逻辑性因素）。主要研究思路则是以中国文化的现代转型为背景，梳理中国文艺学美学的现代转型（审美观念与审美范式）与理论建构（知识体系）过程，从中分析这一时期文学艺术之审美观念、审美范式转型与分化的价值取向，以及这些价值取向对于时代审美风尚变迁的影响、对于“文艺美学”理论体系建构的规范和引导意义，借此实现本课题的研究目的。

需要说明的是，虽然本课题研究对象的时间范围大致限定在20世纪前半叶，即1900—1949年，但无论是中国文艺美学的现代化进程，还是整个中国传统文化的现代转型，都不可能局限于这一段时间。——1900年不是任何意义上的“现代化”进程起点，1949年也不是任何意义上的“现代化”进程终点。

事实上，就中国文化的现代转型进程而言，起点既不易确定，也没有那么重要。晚清以降，随着西方文化的强势入侵和传统文化的日渐式微，当人们意识到传统渐行渐远，新潮不断涌现的时候，“现代化”进程就已经在不经意间开启了；而几乎在整个20世纪，一直行走在“现代化”之路上中国人，其实很难明确地认识到“现代化”的具体内涵与发展目标。古人云“当局者迷”，良有以也。

任何一个历史时期的发展方向和规律，浸润其中的人们往往很难看清，大都是在这一时期成为过去之后，那些规律性的内容才逐渐被历史学家们总结出来。在20世纪前半叶那个风云变幻的时代，围绕中国文化的发展方向问题，先后涌现出数十种不同主张，其中影响较大的当属“全盘西化”与“全面复古”的论调，以及更早一些时候出现的“中体西用”说等等，但都未能成为社会主流意识形态。20世纪20年代初被引入我国的马克思主义思想，虽然也主张除旧立新，但却完全不同于一般意义上的西化，而是主张跳出中西文化之争，面向未来建设新的文化形态。马克思主义思想的引进，其文化意义和实际影响都是极为巨大的，不单单是因为作为马克思主义政党的中国共产党带领全国人民在抗日战争和解放战争中取得了胜利，更重要的是马克思主义的引进为中国文化的发展提供了“西化”与“复古”之外的另一种选择，并在不断的试错与摸索中，走上了“中国特色”的现代化之路。进入21世纪的中国人，已经越来越清晰地意识到，中国特色的“现代化”依然是一个尚未完成的进程，也没有可以照搬的模式，一切还都有待于文化自信基础上的创新创造。

如同整个中国传统文化的现代转型过程一样，作为中国文化重要组成部分的“文艺美学”之现代化进程，也必然是一个起点不甚明确，终点尚未到来的过程。对于中国“文艺美学”的现代化进程而言，1900年自然也不是任何意义上的起点，1949年也不会是任何意义上的终点。那么，本课题将研究对象的时间范围设定在1900—1949之间，即20世纪的前半叶，原因何在呢？

首先，无论对于西方文化，还是对于中国文化而言；无论对于西方的文艺学美学研究，还是对于中国的文艺学美学研究而言，19世纪末20世纪初都是一个极为重要的转折点。对于西方文化而言，这一时期哲学史上的“语言学”转向、“现象学”运动，推动了西方文化的巨大变革；而中国传统文化日趋式微，转而大规模学习西方文化，也始于19世纪末20世纪初。对于中国而言，民族文化自信心的失落，面对强势西方文化的矛盾心态，均始于这一时期。①与之相应，西方文艺学美学从传统的模仿与表现等观念走出，逐渐转向对文艺作品的文本、读者等因素的研究，也与这一时期的“语言学转向”与“现象学”运动关系密切；而中国第一篇用西方文艺学美学思想解读中国传统文学作品的经典著作，即王国维先生的《〈红楼梦〉评论》也出现于这一时期。无论就中国文化整体上的现代转型，还是就文艺学美学“现代性”特征的萌芽而言，1900年前后的世纪之交，都是一个非常恰当的时间节点。

其次，无论对于整个中国文化，还是对于中国的文艺学美学研究来说，1949年也都是另一个非常重要的时间节点。20世纪上半叶，中国文化处于极为尴尬的转折时期，身处这一时期的中国文化人，一方面承受着内忧外患的现实压力，另一方面也承受着来自传统文化和西方文化的双重精神压力：传统文化固然已经逐渐丧失活力，但遽然抛开，却难免有家园荒芜之悲凉感；西方文化看似活力四射，却直接导

① 虽然中国近代的半封建半殖民化并非始于19世纪与20世纪之交，但从文化转型的角度看，真正推动中国文化彻底摆脱传统观念束缚，从精神上接受西方文化的事件，应当是发生于1894年的甲午中日海战。一向被视为“蕞尔小邦”的日本，因为早于我国且更加全面接受西方文化改造，居然打败了一向自诩“天朝上国”且经过“洋务运动”的大清帝国。对于我国传统文化的自信心而言，甲午之战无疑带来极大的挫败感甚至幻灭感。历史地看，甲午之战在实际上大大推进了以“西化”为主要特征的中国文化“现代化”进程。

致了两次世界大战，中国人民也深受其害。如何在民族救亡图存的过程中，形成具有本民族特色的“现代化”之路，就成为那个时代文化人最为关切的时代命题。于是，我们看到，就社会形态而言，纠结于“全盘西化”与“全面复古”两个极端之间的种种不同选择，形成了关于社会发展方向的喧哗众声；就文艺学美学研究而言，彷徨于“为人生”与“为艺术”两个极端之间的各种不同主张，也带来了关于文学艺术审美范式的诸种尝试。然而，这一切迷惘与彷徨，到了1949年，在中华人民共和国的成立的隆隆礼炮声中，逐渐归于沉寂。就社会和文化形态而言，社会主义制度的建立与社会主义文化的形成，带来了对除马克思主义之外的西方文化和几乎全部传统文化的彻底否定；就文艺学研究而言，从“政治工具论”到“黑线专政论”，文学艺术离审美经验越来越远；而20世纪五六十年代的美学大讨论中产生重要影响的几家观点，关心的也都是所谓“美的本质”问题，这一时期的美学研究显然很少关注艺术实践问题。

总体看来，1949—1979这30年间，美学领域注重本质的抽象探讨、忽视现象分析的研究取向；文艺学领域注重文艺的社会作用，忽视其审美属性的价值导向，终于在新时期之初的拨乱反正大潮中得到反思与纠偏，并最终催生了“文艺美学”这一新兴学科。改革开放四十年后，回望“文艺美学”学科建立之初的迷惘与困惑，益发体会到回顾历史、追根溯源的必要。“文艺美学”这一概念所蕴含的聚焦文艺现实、注重审美经验的学术主张并非空穴来风，而是其来有自，有着大半个世纪的发展历程。梳理这些经验产生、发展的动力机制和发展规律，有助于我们更好地认识文艺美学产生的历史脉络、把握文艺美学发展的未来方向。

三、重要名词解析

在展开本课题具体内容的研究之前，我们有必要先就一些重要名词术语的具体含义及其相互关系做一些解释。

（一）文化转型与社会转型

从汉语语境看，所谓文化，一个很重要的含义即“人文化成”①，一如英文中的culture一词，含有advanced development of the human powers（人类能力的高度发展）的意味。②由此可见，无论中西，虽然关于“文化”的理解千差万别，③但有一点是相通的：所谓文化，必然内在地包含着社会形态的演化，以及这些演化在人（个体与群体，精神与物质）身上的表现。④

于是，谈及“文化转型”，就必然会涉及“社会转型”。社会“转

① 古代汉语中“文”和“化”多数时候是分开使用的，“文”与“化”合在一起作为一个词使用，最早可以追溯到西汉刘向《说苑·指武篇》：“圣人之治天下也，先文德而后武力。凡武之兴，为不服也；文化不改，然后诛之。”（《说苑校证》，〔汉〕刘向撰，向宗鲁校证，中华书局1987年版，第380页。）这里的“文化”，其含义即是《周易·贲卦》所谓“人文化成”：“刚柔交错，天文也。文明以止，人文也。观乎天文以察时变，观乎人文以化成天下。”（周振甫：《周易译注》，中华书局1991年版，第80页。）何谓“人文”？说法不一。影响最著者，当数孔颖达《周易正义·疏》解“人文化成”云：“圣人观察人文，则诗书礼乐之谓，当法此教而化成天下也。”（〔清〕阮元.《阮刻周易兼义（二）》，浙江大学出版社2014年版，第244页。）可见儒家所谓“人文化成”，即是以儒家思想塑造天下人的观念和行为。

②《牛津现代高级英汉双解词典（Oxford Advanced Learner's Dictionary of Current English with Chinese translation）》，商务印书馆、牛津大学出版社1988年版，第284页。

③ 20世纪50年代，美国文化学家克鲁伯和克拉克洪曾经详细列举和分析了160多种关于“文化”的定义，这些定义分别来自人类学家、社会学家、文化学家、精神病学家以及其他学者，因而具有各不相同的外延和内涵。参见克鲁伯和克拉克洪合著《文化：概念和定义的批判性回顾》一书，相关论述转引自彭吉象《艺术学概论》，北京大学出版社，2015年版，第58页。

④ 关于中西“文化”概念的差别，张岱年、方克立主编的《中国文化概论（修订版）》一书认为：中国的“文化”一开始就专注于精神领域，而“culture”却是从人类的物质生产活动生发，继而才引申到精神活动领域的。（张岱年、方克立主编：《中国文化概论（修订版）》，北京师范大学出版社2004年版，第2页。）这也说明，无论中西，所谓文化必然是与人类社会的存在形态相关的。

型”，意味着社会形态的变化。关于社会形态的划分，角度众多，诸如政治、经济、思想等等，都可以成为划分的依据；而其中影响最大、也最为重要的依据有两个：生产方式与社会关系，前者主要涉及经济关系，后者则主要涉及政治关系。无论按照何种依据划分的社会形态，形态之间的更替都会带来文化形态的变迁。

历史地看，所谓“文化转型”实际上是以社会转型为基础的。我们所谈论的“文化转型”，虽然也可以从历史形态上分为传统的和现代的，但其实际内涵则是以对中国社会内外关系变迁的认识为基础的文化视野和文化态度的改变。

（二）现代化与现代性

表面看来，“现代”似乎主要是一个时间概念，相对于过去的年代而言；从社会发展分期的角度看，历史研究中经常会把过去的不同时期分为古代、近代、现代、当代。于是，从历时性的角度看，一般学术研究中的所谓“现代”，就是介于近代和当代的一段时期。

实际上，就文化或者社会的转型过程而言，“现代”的含义却远远超出其时间性含义。

既然是转型，就意味着前后两个时期社会或者文化的性质发生了根本变化；这一转变过程何时开始何时结束，并不取决于时间推移，而是取决于新旧性质何时转换完成；而且，文化或者社会的转型过程往往是渐进式的，很难确指何时开始何时结束，因而也就不会被机械固定于某个时间段内。

于是，所谓“现代性”，就是转变后的社会与文化新的属性；而“现代化”则是社会与文化获得这一新质的过程。（详见本书第一章“面向未来的‘现代化’”）

（三）文艺美学的审美观念、审美范式、理论体系

正如前文所分析过的，20世纪七八十年代兴起的“文艺美学”学科，实质上是传统的文艺学、美学现代化进程的必然结果；“文艺美学”学科的孕育和产生过程，实际上就内在地蕴含于文艺学、美学现代化进程之中。这也就是说，“文艺美学”的审美观念、审美范式、理论体系与传统的文艺学、美学都已经有着本质的不同。

从审美观念的角度看，“文艺美学”与传统的文艺学、美学的不同之处就在于其聚焦文艺现实、注重审美经验的学术主张。

从审美范式的角度看，“文艺美学”与传统的文艺学、美学的不同之处就在于其“文艺本位”的立场（体现在对研究对象以及研究对象本质属性的认识，尤为关注文艺现象，并将文学艺术的本质特征设定为“审美的”），有别于传统文艺学的“政治挂帅”立场（主要体现为“工具论”），也不同于传统美学的“本质主义”立场（主要体现为“本质论”）。

从理论体系的角度看，“文艺美学”研究不再局限于传统文艺学（本质论、作品论、创作论、接受论）与传统美学（本质、类别、范畴、美感）的体系建构方式，而采取了更具包容性和可操作性的“核心——分支——边界”体系建构方式。这是一种“辐辏式”的体系形态，核心指的是研究对象的核心特征，边界指的是研究对象与其他事物之间的边界，分支则是基于不同视角和方法而形成的研究领域。《老子》有云“三十辐共一毂，当其无，有车之用”[①]，正是这种“辐辏式”体系结构最形象的说明。（详见本书“结语”部分关于“当代文艺美学理论体系的多元结构”部分的相关论述。）

---

①（魏）王弼注、楼宇烈校释：《老子道德经注校释》，中华书局2008年版，第26页。

四、研究现状分析

就本课题的研究内容而言，国内相关研究成果数量很多，经对新时期以来相关学术著作、专业报刊论文等文献资料的查阅与分析，我们将相关研究成果大致分为两类：一类是与本课题研究存在某些关联的学术成果，可以作为本课题研究开展的基础；另一类则是与本课题研究关系较为密切的学术成果，可以为本课题研究提供某些直接的启示或借鉴。限于篇幅，本书仅对第二类学术成果加以归纳分析，而将第一类学术成果择要纳入参考文献。

从研究内容和研究角度看，与本课题研究关系较为密切的学术成果，大致可以分为如下三类：

1.“文艺美学”学科存在的“合法性”问题

“文艺美学”学科产生近四十年来，学术界依然存在较为明显的关于该学科“存在合法性”的焦虑意识。迄今为止，关于文艺美学学科“存在合法性”的争议，大都集中在“现行学科制度”框架内，纠缠于“文艺美学”作为一门新兴学科与传统的文艺学、美学之间的关系定位问题。

正如任何一门新兴学科的出现都必定会遇到质疑的声音一样，文艺美学学科创立至今，也不断有各种关于其存在“合法性”问题的不同意见产生。有的学者甚至直接否定了文艺美学作为一门独立学科存在的合理性：“文艺美学只是一个研究视角、研究方向，它能成为一个三级学科或四级学科，这就是它的位置。而它作为一个学科，我觉得还缺少很多具体的因素。”[①]类似的意见还有一些，但这些观点针对的主要是文艺美学作为一门新兴学科尚有许多不成熟因素，这是一个毋庸置疑的事实；但据此否认文艺美学作为一门独立的学科存在的合理

① 董学文：《对文艺美学的质疑》，《文艺美学研究》（第一辑），山东大学出版社2002年版，第304—305页。

性，则有因噎废食之嫌。

这些探讨，对于明确文艺美学的学科定位问题固然是有帮助的，但却无助于解释该学科存在的“合法性”问题，以至于有的学者尝试跳出“现行学科制度”框架，“以对问题的确定来奠定文艺美学研究作为一种学理方式或形态的合法性基础，以对问题的阐释来展开文艺美学研究的合法性过程”。[①]我们认为，以“问题导向”取代“关系导向”，并不能真正解决“文艺美学”学科存在的“合法性”问题，正如“问题导向”的倡导者王德胜先生自云：“所谓‘文艺美学’其实不过是美学、文艺理论内在话题的当代延伸，而不是区别于当代美学、文艺理论发展的又一种学科存在方式，其建构本来就不可能超逸美学、文艺理论的当代维度。”[②]如此一来，也就等于在实际上否认了“文艺美学”学科合法存在的可能性。

我们认为，探究一门新兴学科存在的“合法性”问题，最恰当的方式是从其所处时代学术发展的历史和逻辑脉络中寻找，如果这一新兴学科的研究在实际上契合了该时代的文艺观念和审美风尚，该学科的理论建构能够在实践中推进该时代审美范式的完成，那么，这一以文学艺术现象作为研究对象的学科的存在，就是具有历史和逻辑的“合法性”的。

而这一点，也正是本课题的主要研究目的与研究意义所在。当然，本课题的研究目的和研究意义尚不止于此。“文艺美学”作为广义文化的组成部分，其作为一门学科产生和发展的理论和现实意义，也将在中国文化的现代化进程中得到最为充分的呈现。

2.“文艺美学”学科发展史回顾

2001年2月，经教育部批准，山东大学文艺美学研究中心被列为

① 王德胜：《文艺美学何以可能》，南京大学出版社2018年版，第22页。

② 王德胜：《文艺美学何以可能》，南京大学出版社2018年版，第21页。

“教育部普通高等学校人文社会科学百所重点研究基地”。随之，新世纪以来关于“文艺美学”学科发展历程的回顾与反思的学术论文也逐渐增多起来，尤其是在新世纪的第一个十年，相关论文大量涌现。此后，在新世纪的第二个十年，此类研究相对沉寂，直到文艺美学诞生之后另一个以十年为单位的整数纪念年份到来，这类回顾与反思性论文又开始出现，反映出学术界对这一问题的研究已经进入一种常态。兹举其要者列举如下。

2001年曾繁仁先生在《文学评论》发表《中国文艺美学学科的产生及其发展》，2003年孔建平在《福建论坛（人文社会科学版）》发表《文艺美学二十年》，2007年曾繁仁先生在《华中师范大学学报（人文社会科学版）》发表《回顾与反思——文艺美学30年》，2008年山东大学赵崾硕士学位论文《中国大陆文艺美学学科发展史实研究（1971—2000）》，2009年西南大学王元兵硕士学位论文《近30年“文艺美学”研究》，2010年李妍妍在《东方丛刊》发表《新世纪文艺美学研究的回顾与反思》。此后，相关议题的论文进入一段漫长的沉寂时期，2018年之后，相关议题又逐渐升温。但真正富有理论深度的论文，还要等到2019年之后才陆续登场，这一年，王一川在《文学评论》发表了《回到语言艺术原点——文艺美学的三次转向与当前文学的间性特征》，刘小新在《福建论坛（人文社会科学版）》发表了《改革开放四十年文艺美学的回顾与前瞻》，又重新引起了学术界对这一话题的关注。

以上论文大都以20世纪80年代文艺美学学科的诞生为起点，回顾其发展历程、分析其产生背景及原因，进而总结归纳其发展规律。也有少数文章尝试将对其产生原因研究的视角拓展到新中国成立以来，甚至是五四时期乃至清末民初，这就与本课题研究时间范围的起点较为接近了。从时间节点看，以新中国成立为研究时段范围起点的，如2019年山东师范大学周菲硕士论文《新中国文艺美学七十年研究》；将研究的触角上探到五四时期的，则有王一川先生的《回到语言艺术原点——文艺美学的三次转向与当前文学的间性特征》；而将文艺美学学科的历史起点上推至清末民初的，则有杜吉刚的《试析中国文艺美学学科的历史起点问题》一文，该文实际上是以“美学”的引进时间，作为中国文艺美学学科诞生的起点了。

综合以上诸家观点，笔者以为，文艺美学学科的诞生，还是应该尊重学术界的一般意见，以20世纪80年代初胡经之先生的提议为准；至于学科产生的历史动因与学理依据，则应该上探至现代文艺学美学学科产生的时期，也就是清末民初的那段时间。

3. 20世纪文艺学美学学术史

作为“文艺美学”诞生的基础，文艺学、美学在现代中国的诞生与发展，是本课题研究最重要的理论基础。与我国大多数现代学科的产生背景类似，现代文艺学、美学也是在上世纪初从西方辗转进入我国的。因此，自20世纪初以来的文艺学美学学术史梳理，就成为与本课题研究关系最为密切的前期研究基础。总体看来，关于20世纪的文艺学美学学术史研究，基本上都是把20世纪作为一个整体展开的，比如杜书瀛主编的《20世纪中国文艺学学术史》（四卷本）、黄曼君主编的《中国20世纪文学理论批评史》、庄锡华的《二十世纪的中国文艺理论》，封孝伦的《20世纪中国美学》、汝信和王德胜主编的《美学的历史——20世纪中国美学学术进程》等；也有以五四时期到建国前后的文艺学美学学术史作为研究对象的，比如陈伟的《中国现代美学思想史纲》、温儒敏的《中国现代文学批评史》、许道明的《中国现代文学批评史新编》等，这些著作都为本课题的研究提供了重要的思想借鉴，使本课题的研究结果更为可靠。

从现有研究的主要内容看，已有成果主要侧重对理论现象的历史描述与特征总结，而对于20世纪上半叶中国文艺学、美学的观念、范式、体系建构过程，及其对当代文艺美学学科建设的基础性意义则较少涉及。然而，对于当代文艺美学的学科建设而言，立足于现代中国文化转型的时代背景，对20世纪上半叶中国文艺学、美学观念演进、范式演变，以及体系建构等作深入考察，从而把握其深层规律、阐释其学术价值，显然更有现实意义、也更具学术价值。这些也是本课题研究工作最为重要的任务。

五、研究目的与研究意义

任何一个课题的研究目的和研究意义之间的关系都是至为密切的。就二者之间的联系而言，研究目的的达成是研究意义实现的基础，而研究意义的存在则是研究目的确立的指南；就二者之间的区别而言，研究目的是为课题本身设立的，指的是课题研究任务完成后的结果，研究意义则是课题研究完成之后产生的学术或社会影响，一般包括理论和实践两个方面。本课题研究目的和研究意义的阐述，也是基于上述认识。

（一）研究目的

正如本课题名称所揭示的，这一课题研究的主要任务是探讨“文艺美学”在现代中国（1900—1949年）的理论演进过程。众所周知，从学科建设的角度看，“文艺美学”研究兴起于1980年代。由此，20世纪上半叶的中国，还没有“文艺美学”这一学科，又何谈“理论演进”呢?

如前所述，“文艺美学”作为一门新兴学科的诞生，并非在毫无征兆的情况下遽然出现，而是经历了一个漫长而艰辛的孕育过程。正是在这一孕育过程中，“文艺美学”获得了其赖以产生的学理依据和历史动因，其作为一门新兴学科存在的合法性亦立基于此。

从学科发展的角度看，“文艺美学”学科，实质上是传统的文艺学、美学现代化进程的必然结果。而从“文艺美学”学科的研究特点看，聚焦文艺现实（而非集中关注其“本质”探讨）、注重审美经验

（而非片面强调其社会功用）是其最鲜明的理论主张。这一理论主张是改革开放之初“拨乱反正”的成果之一，此所谓“乱”，主要是指文艺学美学发展部分偏离了其由传统向现代转型的历史轨道，而这一部分偏离轨道的过程，主要是在新中国成立之后的30年间（1949—1979）发生的。因而，当我们试图探求“文艺美学”学科兴起的学理依据和历史动因时，就不能仅仅局限于建国之后的30年，而应该继续向前追溯，在文艺学美学现代化转型的历史年代中探寻其兴起的学理依据和历史动因。

由此，追根溯源，在现代中国（1900—1949年）文艺学美学发展的纷纭现象中，探寻“文艺美学”学科孕育形成的历史脉络和逻辑根据，就成了本课题主要的研究目的。

（二）研究意义

本课题研究的意义集中在两个方面：理论的和实践的。

1. 理论意义

本课题研究最重要的理论意义是关于“文艺美学”研究的，通过20世纪前半叶文艺学美学发展历史的回溯，探寻“文艺美学”概念产生的历史线索和逻辑依据，借以阐明“文艺美学”学科存在的合法性与发展方向。

2. 实践意义

本课题研究的实践意义体现在相互联系的两个领域。首先是文学艺术领域，文艺美学概念演变历史的回溯与梳理，有助于帮助人们理解文学艺术的本质特征、社会价值与时代意义，有利于文学艺术领域的健康发展。其次是社会领域，文艺美学发展前景的展望，有助于促进我国文化的现代转型，从而推动我国社会主义文化建设的不断进步。

第一章

面向未来的“现代化”

清季以降，在西方坚船利炮的不断打击下，中国延续上千年的封建制度逐渐土崩瓦解，随之发生剧烈变化的，不只是社会政治、经济制度，文化观念也渐次为泊自西方的种种“新观念”渗透、改变。近代以来，关于中国社会政治、经济、文化诸层面的这些变化，经常被称为“现代化”。通常认为，“现代化”是中国社会发展的必由之路，然而，关于“现代化”的具体含义与发展逻辑，一百多年来却见仁见智，歧见纷出。

如“绪论”所说，此所谓“现代”，并非单纯是时间概念，更是一种文化观念。这种文化观念既然被称为“现代”，至少在字面意义上也就意味着对“传统”的背离或改造。20世纪之初文化界对传统文化不遗余力的口诛笔伐，依然让人可以透过文字去感受新旧文化更替时期，接触过西方文化的读书人对于传统的厌恶乃至痛恨。

然而，文化的演变是有其自身规律的，并不因为人们的情绪而改变自己的发展轨迹。旧的文化无论如何不再招人待见，也不会一夜之间从中华大地销声匿迹，反而会以一种更深沉的方式，留在人们的日常生活和观念深处；新的文化无论如何受到欢迎，也终究无法彻底取代传统文化成为当代文化的唯一形态。

事实上，一百多年来的中国现代文化变迁史，既不是一味以古为尊、因循守旧，也不都是崇洋媚外、全盘西化，而是一直在不断探索、碰撞的过程中，艰难而执着地追寻中华民族的复兴之路。事实已经并将不断证明，中华民族的伟大复兴，既没有古法可以遵循，也没有现成模板可以复制；新时代的中国人，终将在汲取无数先行者们的经验与教训的基础上，走上具有中国特色的“现代化”之路。

第一节　文化转型的社会背景

1872年，晚清重臣李鸿章在给同治皇帝的奏折上，称清廷当时所处形势为“三千余年一大变局”。百多年来，此说不时被关心时局者引用，但不同时期不同立场的引用，含义却大不一样。

考李鸿章本意，他所谓“大变局”，依然是着眼于清廷代表的封建统治；大清帝国所面临的内忧外患，已经完全不同于此前历代封建王朝所遭遇过的窘境；因而解决之道，也就不能再沿用旧有方法。当然，李鸿章所论，视野和眼界依然较为狭小，他当时所关注的，主要还是清廷国防，应该重西北“边防”还是东南“海防”的问题。李鸿章“三千余年一大变局”的具体含义，可以参见他在同治、光绪年间的两份奏折。

同治十一年（1872年），李鸿章在《复议制造轮船未可裁撤折》中说：“臣窃惟欧洲诸国，百十年来，由印度而南洋，由南洋而中国，闯入边界腹地，凡前史所未载，亘古所未通，无不款关而求互市。我皇上如天之度，概与立约通商，以牢笼之，合地球东西南朔九万里之遥，胥聚于中国，此三千余年一大变局也。”①

三年后的光绪元年（1875年），李鸿章又在《因台湾事变筹画海防折》中说：“历代备边，多在西北，其强弱之势，主客之形，皆适相埒。且犹有中外界限。今则东南海疆万余里，各国通商传教，来往自如，麇集京师，及各省腹地，阳托和好之名，阴怀吞噬之计，一国生事，诸国构煽，实惟数千年来未有之变局。”②

前者论“海防”之重，皆因欧洲诸国的入侵势力，悉自印度经南洋而来，故守边重点，自当置于东南沿海；后者比较古今之势，清代之前历代外患，大都起于西北边陲，故“历代备边，多在西北”，是符合实际情况的；而晚清边防形势不同于历代之处，就在于边患多起东南海疆，列强麇集且不怀好意，于是“海防”之重就凸显出来。

虽然李鸿章所论只是清廷应该重西北“边防”还是东南“海防”，他关心的依然只是大清江山如何维持与延续的问题，但他所提出的“三千余年一大变局”之说，却在不经意间触动了国运维艰时代国人的敏感神经，从而成为了百余年来的一个延续不断的热门话题。辛亥之后，民国建立、清廷覆亡，中国历史揭开新的一页。由此，所谓“三千余年一大变局”，其含义就不再局限于晚清命运，而是被推广到了整个中华民族所面临的艰难局势。于是，所谓“变局”，意味着“变”是必然的，但变成什么以及如何变化，辛亥时代并没有明确答案；百余年来，这种“变局”始终在延续，其含义也日渐趋向于“现代化”。时至今日，随着“中国特色社会主义”和“社会主义现代化”等建设目标的提出，我国“现代化”发展的方向渐趋明朗，但依然还

① 梁启超：《李鸿章传》，百花文艺出版社2000年版，第44页。

② 梁启超：《李鸿章传》，百花文艺出版社2000年版，第44—45页。

有很多观念亟待明确。

如果说，民国时期关于中国社会转型的问题，不同社会力量之间还存在“西化”与“复古”及其诸多变种之间种种论争的话，中华人民共和国成立以后，关于社会转型问题的讨论，就从最初的苏联模式，逐渐发展成为如何建设具有中国特色的社会主义。时至今日，随着“新时代中国特色社会主义”思想的不断发展与渐趋成熟，当代中国的“现代化”之路也逐渐明晰起来。

笔者曾在《中国当代公共文化建设与经济转型的美学思考》一文中分析过当代中国社会转型的发展方向，以及在这一过程中“文化转型”的意义与发挥作用的方式：“随着中国国民经济的不断发展，人们越来越不满足于物质财富的片面增长，开始追求精神生活水平的不断提升。在这一过程中，人与人、人与社会、人与自然之间的关系也在悄悄发生着变化；而这些变化终将会带来社会关系缓慢而坚定的变革，并由此催生一种不同于工业社会的新的社会形态的出现。习近平新时代中国特色社会主义思想的诞生，已经为我们指明了今后一段时间社会发展的方向。我们终将在实现中华民族伟大复兴这一伟大梦想的指引下，穿越‘后工业社会’的重重迷雾，建成‘富强民主文明和谐美丽的社会主义现代化强国’，而这也就意味着一种新的社会形态的到来。这样一种新的社会形态的出现，必然意味着文化产品在日常消费中比重的极大提升；而这种情况的出现，则有赖于整个社会文化素质和审美能力的极大提高。”[①]基于这一认识，笔者认为，当代中国的“现代化”进程，既不可能返回古代社会寻求盲目的文化自信，也没有必要求诸外邦设定现代文明的模板，而必须立足于当下中国的现实国情，探索具有中国特色的“现代化”之路。这一意义上的“现代

① 高迎刚：《中国当代公共文化建设与经济转型的美学思考》，《上海师范大学学报（哲学社会科学版）》，2018年第4期。

化”，既超越了古今之辨，也摆脱了中西之争，是一种面向未来的“现代化”之路。诚如西北大学王强教授在《中国特色社会主义现代化道路的探索与发展》一文中所说，“现代化是人类社会由传统的农业文明向现代的工业文明乃至知识文明转变的过程，是人类社会发展的价值取向和理性追求，是中华民族伟大复兴的必由之路”，未来社会是否可以命名为“知识文明”（知识文明与工业文明含义大致相同，因而并不确切。此说依然着眼于生产方式变革，因而还是局部的，且并未超越工业文明时代，因而并不确切。）或许还有待商榷，但面向未来的“现代化”建设，作为当下中国社会转型的必经之路，却是一个越来越清晰的判断。

第二节 文化转型的发展趋势

观察中国社会文化发展演变的轨迹，从中分析其历史规律，并借以展望未来社会文化的发展方向，可以有三种不同的层次与境界：较低的层次，如张之洞《劝学篇》“旧学为体，新学为用”、魏源《海国图志》“师夷长技以制夷”以及李鸿章所谓“三千余年一大变局”诸说，大抵都表达了同样的关切，他们所关注的只是大清一朝一代之存亡。再高一点的层次，立足中华民族自身发展，关注国家民族历史命运，探讨社会文化发展轨迹，近代以来很多志士仁人都表达了相关论点，无论是鼓吹君主立宪者，还是倡导民主共和者，所表达的都是类似的主张。最高的层次，当数胸怀天下，今之所谓“人类命运共同体”就是这种观念最典型的体现，20世纪末以来出现的“地球村”或者“世界村”等说法，表达的也是类似的观念。

以上三个层次观念的出现，各有其产生的时代背景。“旧学为体，新学为用”诸说，产生于清廷统治摇摇欲坠之时，李鸿章、张之洞等晚清重臣受制于所处时局和各自身份，所见也只是清廷所代表的专制制度之存废，他们关心的依然是如何在新旧势力之争中维系固有观念与制度。维新共和等新观念的倡导者和践行者，则一方面认识到新旧制度更迭的必然性，另一方面却又为国际国内形势所限，关心的是在中西力量对比中如何摆脱困境，重新跻身世界大国之列。只有当中国国力日渐强盛，不再仰视西方列强并在某些关键领域呈现领先优势之时，才有可能考虑如何承担一个“负责任大国”的历史使命。“人类命运共同体”的主张、“一带一路”的宏伟蓝图，都是在这种国际国内形势下提出并逐渐发展成熟的。

20世纪大多数时间里的中国，无论是前半叶的救亡图存，还是后半段的赶英超美，推动中国社会不断发展的动力，一半来自内部矛盾，一半来自外部压力。这一过程中呈现出来的发展理念，依然主要集中在新旧、中西之争方面；而超越新旧、中西之争，探索中国特色发展道路的理念，虽然在20世纪之初王国维的相关论述中已见端倪，[①] 但其系统发展与蔚为大观，则是一个世纪之后的事情了。

就中国文化内部而言，20世纪大多数时间里，推动文化形态更替的基本矛盾主要存在于古今之间，亦即传统文化与现代文化之间。二者之间，显然现代文化代表着社会发展的主要方向；而就中国文化发展的外部关系来看，则推动文化形态更替的基本矛盾主要是中西文

---

① 王国维先生关于“学无新旧也，无中西也”的相关论述，参见《〈国学丛刊〉序》一文，他所关心的只是学术发展路径问题，并没有推广到社会发展道路方面。（姚淦铭、王燕编，王国维：《〈国学丛刊〉序》，《王国维文集》第四卷，北京：中国文史出版社1997年版，第365—368页。）

化之间的对比，而在20世纪以来的大部分时间里，西方文化作为这一时期世界文明的中心，又总是以各种不同的形态影响着中国文化的发展方向。历史地看，晚清政府垮台之前，推动社会变革的主要推动力来自新旧文化之间的对比，正是新文化相对于旧文化的比较优势，最终导致了晚清政府的覆亡和民国政权的建立，这是一个由“破”到“立”的突变过程；民国时期，推动社会变革的主要推动力变成了中西文化之间的对比，正是西方文化相对于中国传统文化的比较优势，既打退了各种复辟势力的反扑，也促成了中华民国和中华人民共和国的相继成立，对于“新”文化的建设来说，这是一个“立”的过程，也是一个不断寻找适合中国社会发展方式的渐进过程。

于是，表面看来，鸦片战争以降，似乎文化转型的主要方向就是借助于西方现代文化改造日益落伍的中国传统文化。正如南京大学张凤阳教授在一篇名为《艰难的选择——从现代化理论的历史演变看第三世界国家的政治发展》的文章在分析传统文化与现代文化之间的关系时所说：

> 如果说，任何现代社会都是从传统社会演变而来的，那么，传统与现代的关系，便是现代化进程中所遇到的一对基本矛盾。第三世界国家要超越不发达状态，实现社会结构的根本转型，无法摆脱历史必然性的制约，因而不得不以这样那样的方式重演一遍传统与现代相冲突的现代化活剧。但是，它们要缩短现代化在西方发达国家那里曾经呈现过的漫长历史，从发展战略上讲，却又不得不增强紧迫感，将“先行者”原本自然演进的现代化过程，转变为“迟到者”奋起直追的自觉的民族意志和国家意志。[①]

① 张凤阳：《艰难的选择——从现代化理论的历史演变看第三世界国家的政治发展》，《江海学刊》，1996年第6期。

这段话提到的推动中国社会不断发展的基本矛盾，既包括了新旧文化之间，也涵盖了中西文化之间的矛盾。此文写作于20世纪90年代中期，从当时中国社会文化的发展状况来看，这段话的分析是有道理的。然而，二十几年过去，中国早已不再是“奋起直追”的角色。今天中国的发展，总体上并不逊色于大多数西方发达国家，甚至在某些领域已经隐隐处于领先的位置。于是，推动当下中国社会文化发展的动力，已经远远不是古今中西之间的矛盾，而是另外一种超越中西古今之争的“现代化”。不仅如此，立足当下中国的发展处境，回望百多年来社会文化的发展演变，一直被隐藏在诸种表象之下的推动因素，也渐渐浮出水面。时代发展的现实处境要求我们，以胸怀天下，纵览古今的眼光，展望中国社会文化现代化的发展方向，这也就是前面所说的第三种境界。事实上，也只有在中国摆脱了贫穷落后的被动处境之后，才有可能超越新旧、中西之争，从而在一个更高的层次审视中国和世界一百多年来，甚至数千年来社会文化发展的脉络，进而看清未来社会文化发展的大趋势。

包括文化现象在内的中国社会转型，始于中国传统社会在西方强势入侵下的节节败退。按照一般的说法，中国传统社会的没落，表面看来是因为大刀长矛代表的冷兵器不敌西方坚船利炮代表的热兵器，其实质则是腐朽没落的封建制度败给了处于上升期的西方资本主义制度。如果只是局限于社会制度变革的狭小视角，这种说法不无道理。从鸦片战争经洋务运动到戊戌变法，晚清王朝经过大半个世纪的垂死挣扎，终于认识到“中体西用”的难以为继，从而自觉走上变法图强的新路。然而，外部世界疾风骤雨式的变革，并没有给晚清政府步履蹒跚的改革留出足够的时间和空间，慈禧太后与光绪皇帝千辛万苦做出的改革尝试刚刚实行便夭折了，随之而来的便是晚清统治的彻底覆亡。虽然晚清的政治变革未能挽救风雨飘摇的清王朝，但此后的中华民族仍然义无反顾地走上了变革的道路，这也在事实上证明了中国社会制度变革的必然性和必要性。不过，如果因此便得出中国“现代化”主要推动力是社会制度变革的结论，则未免显得过于狭隘和机械。

事实上，如果我们将眼光在空间上扩大至全世界，在时间上扩展到整个人类文明存续期，我们就会发现，真正推动人类社会变革的源动力，不是具体的社会制度，而是生产方式的变更。生产方式表征的主要是人与自然界之间的关系，体现为人类从自然界获取资源的方式；正是人类从自然界获取资源方式的变更，导致了人类社会包括生产关系在内的各种社会关系的变更，并最终带动了社会制度的变革。

台湾学者詹伟雄写过一本财经散文集《美学的经济》，在该书的简体版自序中，他将人类社会的经济生活分为四种演化形态——脚的经济、手的经济、脑的经济和心的经济：

> 脚的经济，指的是最原始的渔、牧、狩猎、矿采经济，人们靠着双脚，将“有用的物资”移动到人类的小区里，提供人们生活所需。在这个阶段，我们的祖先们过的是标准的看天吃饭的生活。
>
> 手的经济，意味着人可以用双手来进行有计划的劳动，在小区里进行粗浅的分工，这个阶段，商品的诞生与生产力的增加，大幅改善了人类生活的处境。
>
> 理性的大脑，一方面催生着新技术的发明，一方面开发着新市场，一方面改良着组织分工、运筹、管理的知识和经验。从18世纪晚期以后，它完全改变了人类社会的面貌：从“蒸汽机”、“电话”、“青霉素”、“汽车”到“电脑”，一个现代人有了这些工具，可以生产出比“手的经济”年代千万人总产出还多的经济产值。
>
> 就一般的生存标准而言，当人们的需求都被满足了，工厂的产能便会变成过剩的、库存的产品，于是生产者必须想办法“创造需求”，也就是去挑逗、说服、引诱、驱使消费者

> 购买原本没有念头要买的商品，此时，精湛的广告技艺、新兴的媒体以及现代人日益复杂、多元的心灵处境，共同促发了“心的经济”的到来。[①]

四种形态的区分，形象而直观地描绘出人类社会经济生活的演进过程。推动人类社会不断进步的因素，从单纯的体力，到依凭天赋和经验的手工技巧，再到需要运用脑力和智慧的科学技术，一步一步将人类从动物界拖离出来，成为一种其他物种永远无法企及的存在。不仅如此，从脚的经济到手的经济再到脑的经济，每一次生产力的提升，都伴随着一次社会关系的深刻变革。

从生产方式与社会制度的变更看，脚的经济对应的是渔猎文明阶段，相应的社会制度就是原始社会，体现的生产关系是大家抱团应付恶劣的自然环境，以便获得更多的生活必需品。因为没有多少生产技术可言，在社会关系中占优势地位的是体力好、能够获得更多食物的人。

手的经济对应的是农业文明阶段，相应的社会制度就是奴隶社会和封建社会，体现的生产关系是把拥有手工技艺的人群组织起来，以便获得更多的生活用品。在这一过程中，拥有人力资源和土地资源的人，同时也拥有了较强的组织能力，成为社会关系中的统治者。当然，如果细分的话，奴隶社会和封建社会的差异在于，农民较之奴隶有更多的人身自由，也更有利于同一社会阶层的竞争和不同社会阶层的流动，从而有利于社会生产的发展。

脑的经济对应的是工业文明阶段，相应的社会制度就是资本主义社会，体现的生产关系是把经过培训能够使用机器进行生产的人群组织起来，从而获得能够远远超过个体需求的丰富产品，并在此基础上形成了资本主义市场经济。在这一过程中，拥有专利产权和管理能力的人，同时也拥有了雇佣技术工人的能力，进而获得了相应的产品市

① 詹伟雄：《美学的经济》，中信出版社2012年版，第31—32页。

场，从而具备了获取大量资本的能力，成为社会关系中的统治阶层。资本主义社会的工人，较之封建社会的农民有更多的人身自由，理论上讲也具备了跨越不同阶层发展的可能性。

按照詹伟雄先生的划分标准，我们所处的时代，正是“心的经济”渐次展开的时代。“‘心的经济’是无限的，人类‘理想自我’的图像是可以被各种文本创造、繁衍的，‘意义’是可以被文化地镶嵌进各种新遭遇、新传记、新的美学悸动经验中的。”①

综上所述，从脚的经济到手的经济再到脑的经济，人类在生产中所满足的都是物质欲望，所不同的是，由古及今，人们的生产能力越来越强，获得的产品越来越丰富；而与此前三个阶段不同，“心的经济”满足的则是人的精神需求，由此，在“心的经济”阶段，人类也有望进入不同于此前所有阶段的文明层次。

就我国目前的社会发展形态看，可以认为是农业、工业，与后工业三种社会形态并存的；而从社会发展的方向看，主要存在于大城市的“后工业时代”社会发展特征显然具有更为重要的引领性意义。

站在“后工业时代”的时代大潮中，展望中国社会文化发展的“现代化”趋向，我们终于有可能超越古今中西之争，重新审视现有生产关系与生产方式之间的关系，并根据变化了的生产关系调整相应的社会制度。历经新中国成立以来大半个世纪的探索，我们终于形成了“新时代中国特色社会主义”思想，并在这一思想指引下建设“富强民主文明和谐美丽的社会主义现代化强国”。这是一条具有当代中国特色的“现代化”之路，没有古法可以遵循，也没有现成模板可以复制。然而，这并非说，我们可以彻底摒弃各种现有的文明成果；恰恰相反，我们今天的“现代化”建设，依然需要站在前人的肩膀上，在借鉴我国优秀传统文化和西方先进文明成果的基础上，建设具有中国

① 詹伟雄：《美学的经济》，中信出版社2012年版，第32页。

特色社会主义现代化强国。

“如果我看得比别人更远些，那是因为我站在巨人的肩膀上”，牛顿的这种说法不仅适用于自然科学，在社会科学领域同样适用。就此而言，王国维先生一个多世纪之前提出的“学无新旧也，无中西也”之说，依然具有极强的指导意义。

第三节　文化转型的方向、目的、意义

作为当前中国社会发展的指导思想，习近平总书记代表中共中央提出并不断完善的“习近平新时代中国特色社会主义思想”，系统回答了建设中国特色社会主义的总目标、总任务、总体布局、战略布局和发展方向、发展方式、发展动力、战略步骤、外部条件、政治保证等一系列基本问题，也因此成为我们研究中国“文化转型”问题的理论指南。

所谓“文化转型”，其基本含义即是新旧文化形态之间的更迭，亦即中国近现代以来文化界不断强调的“现代化”。如果说在20世纪的大多数时间里，关于“现代化”的具体含义经常存在诸多歧义的话，新世纪以来中国社会经济文化的快速发展，已经使原本含混不清的“现代化”内涵日趋明确。作为中国特色社会主义建设的指导思想，习近平新时代中国特色社会主义思想为我们擘画的宏伟蓝图中，就内在地包含了对我国“文化转型”，亦即社会主义“现代化”建设的方向、目的、意义等问题的回答。

一、文化转型的方向：实现社会主义现代化

作为建设中国特色社会主义的总任务之一，“实现社会主义现代化”也在实际上指明了我国当代“文化转型”的主要方向。理解这一问题的关键在于，何谓“社会主义现代化”，以及如何实现“社会主义现代化”。

“社会主义现代化”这一概念由两部分组成，“社会主义”与“现代化”，二者缺一不可。“社会主义”既是一种思想观念，也是一种社会制度。作为一种思想观念，可以将社会主义视为共产主义理想与社会现实条件相妥协的形态，是在不充分条件下部分实现共产主义理想的现实途径；而作为一种社会制度，社会主义也需要与现实社会的生产方式相适应。就此意义而言，此所谓“现代化”，实际上就是与社会条件相适应的“现实化”。

根据马克思主义的基本观点，社会主义社会和资本主义社会的社会存在，均体现为“以物的依赖性为基础的人的独立性”；而共产主义社会的社会存在则摆脱了“人的依赖”和“物的依赖”关系，充分实现了个人全面发展。[①]因为社会主义社会和资本主义社会同处于马克思所说的“以物的依赖关系为基础的人的独立性”的阶段，因而必然需要与所处阶段的生产方式相适应，于是从工业社会到后工业社会，就会呈现出不一样的社会制度。

我国当前的社会形态，呈现为农业、工业，与后工业三种形态并存；因而当下的中国特色社会主义制度，就需要根据不同情况因地制宜做出安排。客观地看，虽然“后工业时代”社会形态主要存在于发达地区的大城市，但就“现代化”的发展方向而言，无疑更具引领性意义。

所谓“后工业社会”，当然不是一种有着确定属性的社会形态，但

①〔德〕马克思、恩格斯：《马克思恩格斯全集（第30卷）》，人民出版社1995年版，第107—108页。

这一命名本身意味着这一社会形态与“工业社会”已经有很大不同。对应的社会制度也就不再是典型的资本主义或者社会主义，而可能同时具备二者的某些特征。在“后工业社会”，“心的经济”或者“体验经济”的形成，都表明了这一时期的社会经济生活对具有强烈精神属性的“文化”的重视，从而在某种程度上体现出对“物的依赖”关系的背离，逐步趋向于实现“人的自由和全面发展”。历史地看，这些社会形态的出现，与当前我国所处的社会主义初级阶段也是相吻合的。所谓“社会主义现代化”，也正是在这一意义上体现出其不同于历史上任何一个时代的发展特征。

二、文化转型的目的：建成社会主义现代化强国

在习近平新时代中国特色社会主义思想体系中，建成“富强民主文明和谐美丽的社会主义现代化强国”这一目标，与作为中国特色社会主义事业总体布局的“五位一体”是一致的。“富强民主文明和谐美丽”五个形容词，对应的就是“五位一体”所指的经济、政治、文化、社会、生态五个领域。于是，“实现社会主义现代化”的文化转型方向，实际上就是要落实为建成“富强民主文明和谐美丽的社会主义现代化强国”这一转型目标。不仅如此，这一“文化转型”的目标，也已经在事实上成为了当前我国“现代化”的具体内涵和发展目标。

作为中国特色社会主义事业总体布局，“五位一体”实际上涵盖了我国当代社会主义建设的方方面面。不仅如此，经济、政治、文化、社会、生态五个领域的建设既非始自“五位一体”作为一个概念被提出的中国共产党第十八次全国代表大会的召开，也不是从一开始就齐头并进的。事实上，自中华人民共和国成立，社会主义建设就开始了，从一开始的政治挂帅，到改革开放以后的以经济建设为中心；直到党的十六大之后，文化事业与文化产业适当区分，文化建设逐步提上日程；再到“新常态”呈现之后在社会保障、生态保护等方面建设

力度空前加大，“五位一体”建设渐次开展，终至全面铺开。

对于社会主义现代化建设来说，“五位一体”的五个领域都是非常重要的，任何一个领域都不应该被忽视。然而，这并不等于说，五个领域的重要性是一样的。尤其是已经在大部分发达地区存在的“后工业社会”，文化建设的重要性和优先性是不言而喻的。

从社会发展最重要的推动力角度看来，经济活动，尤其是生产方式的变革无疑是最重要的。“心的经济”或者“体验经济”出现之前，社会生产主要体现为人类对“物的依赖”关系，以及在此基础上产生的“人的独立性”；而在“心的经济”或者“体验经济”出现之后，社会生产对“物的依赖”逐渐向人的精神层面过渡，为实现“人的自由和全面发展”做准备，在这一过程中，文化建设的重要性日渐凸显。

回顾新中国成立以来，尤其是改革开放以来我国社会经济生活的发展历程，社会财富的快速积累，主要就是通过高速发展的“工业化”实现的。正如我们已经看到的，高速发展的“工业化”，对各种物质资源的消耗，以及对于自然环境的破坏，都是令人触目惊心的，因而也是不可持续的。我国现阶段经济的持续发展，已经从高速发展的巅峰时期逐渐转变为一种相对平缓的状态，我们将这种状态称之为“新常态”。所谓“新常态”，虽然也还是一种“常态”，但已经不是经济进入快速发展期之前的状态，而是必须经过转型之后的新的“常态”。这种“新常态”得以持续发展的基础，已经不再是依赖各种新兴技术的“脑的经济”，而是“心的经济”，亦即满足人的精神需求的“体验经济”，主要存在于我国发达地区大城市的“后工业”社会形态也由此形成。需要注意的是，“心的经济”，或者说“体验经济”的出现，不应当以新的经济增长点的名义，继续制造严重的资源消耗与环境破坏。恰恰相反，“心的经济”对“审美”维度的重视，适足以成为对以往经济发展方向的矫正力量。

根据美国社会学家丹尼尔·贝尔的说法，“后工业”时代最重要的社会特征就是经济结构“从产品经济转变为服务性经济”[①]，习惯上我们也称之为“消费时代”的来临。体现在当代中国社会，就是随着市场经济和消费社会的繁荣，商家越来越倾向于运用五颜六色的包装和图案来吸引人们的眼球，使人们在对物质欲望的追逐中，逐渐失去追求崇高精神生活的内在动力。这样一种以“媚俗”为基本特征的商品经济，也会被很多人称为“审美经济”。然而，此所谓“审美经济”之“审美”，与“心的经济”所包含的审美意蕴并没有多少关系，只是商家以取悦大众的方式追逐商业利益的遮羞布而已。我国“新常态”下的经济转型，一定要彻底摆脱“一切向钱”看的“唯经济效益”思路，避免将“审美经济”单纯理解为“眼球经济”的代名词。

“审美”的追求，必须包含对高尚、典雅的精神内涵的向往，“审美经济”也应当是通往健康、美好心灵世界的精神引领者。抵达这一境界，既需要物质条件支撑，更需要文化熏陶和精神滋养。在当代经济社会中，支撑“审美经济”的物质条件需要由文化创意产业的发展提供；而“审美经济”文化内涵的不断提升，则有待通过公共文化建设实现。

从公共文化建设的角度看，花样繁多、种类丰富的各种文化活动，培养了具备相当审美能力的人群；也使他们成为潜在的文化消费者，从而推动着文化产业的不断升级发展。新世纪以来的公共文化建设，已经逐渐从不断完善的场所及设施网络布局，发展成为具有一系列建设标准的“现代公共文化服务体系”。正如《中华人民共和国公共文化服务保障法》所界定的，公共文化服务“是指由政府主导、社会力量参与，以满足公民基本文化需求为主要目的而提供的公共文化设施、文化产品、文化活动以及其他相关服务”。这些基于公共文化设施

①〔美〕丹尼尔·贝尔：《后工业社会的来临》，高铦、王宏周、魏章玲译，江西人民出版社2018年版，第11页。

建设不断完善基础上的文化产品和文化活动，以及查询、预订、培训等相关服务，在满足人民群众基本文化需求的同时，也在潜移默化中不断提升着人们的文化素质和审美水平。而人民群众文化素质和审美水平的提高，反过来又成为一种推动公共文化服务水平不断提升的内在动力。从公共文化服务发展相对成熟国家的历史经验看，公共文化服务发展到一定阶段，必然会产生某些促使其不断社会化、市场化的内在动力，其中就包括逐渐得到提升的人民群众的文化素质和审美能力。就公共文化服务而言，其社会化并不等同于市场化，前者可以是非营利的，而后者则必然是营利性的。公共文化服务的社会化，有赖于人民自我治理能力的提升；就我国社会当前发展的现实情况看，这种社会环境条件的完善还有一段路要走。于是，公共文化服务的市场化，就成为提升我国公共文化服务质量和供给能力的必然选择；目前其实现方式主要体现为政府购买公共文化服务和各种公共文化服务类项目的实施。由此，公共文化服务的发展，也就在不期然而然中实现了与文化产业领域的共融互通。

从文化创意产业发展的角度看，不断丰富的文化商品、推陈出新的商业展演，为人们提供了满足各种审美需求的方式，也丰富了人们的审美体验；而文化产品质量和数量的提升，也反过来提高了对消费者审美能力的要求，这也在客观上要求公共文化服务与文化产业领域的有效对接。

历史地看，工业化生产方式的迅速扩张和不断升级，促进了社会经济的快速发展和渐趋繁荣，不断满足着人们日益增长的对于物质财富的追求；而物质财富需求的日渐满足，又催生了人们对于富于精神内涵的文化产品的需求。古人云“仓廪实则知礼节，衣食足则知荣辱”[①]，美国心理学家亚伯拉罕·马斯洛提出的“需求层次理论”，也

①《管子·牧民》，引自刘向校、戴望校正《管子校正》，《诸子集成（五）》，团结出版社1996年版，第449页。

揭示了社会生产发展的这一规律。“人性所必须的是：当我们的物质需要得到满足之后，我们就会沿着归属需要（包括群体归属感、友爱、手足之情）、爱情与亲情的需要、取得成就带来尊严与自尊的需要、直到自我实现以及形成并表达我们独一无二的个性的需要这一阶梯上升。而再往上就到达了‘超越性需要’（即‘存在性需要’）”。[①]此所谓“超越性需要”，实际上就是包含审美在内的、更高层次的精神性需求。基于对文化产业相对发达国家的实践经验考察，随着社会生产能力的不断发展，文化产业在国民经济中比重的日渐增长也将会是一个不争的事实。因而，《国家“十三五”时期文化发展改革规划纲要》提出的，“十三五”末文化产业成为国民经济支柱性产业的目标任务，并不是一个遥远而艰难的目标，而是当下不断实现着的社会生产现实。随着我国国民经济的不断发展，人们越来越不满足于物质财富的片面增长，开始追求精神生活水平的不断提升。在这一过程中，人与人之间、人与社会之间、人与自然之间的关系也在悄悄发生着变化；而这些变化终将会带来社会关系缓慢而坚定的变革，并由此催生一种不同于工业社会的新的社会形态的出现。习近平新时代中国特色社会主义思想的诞生，已经为我们指明了今后一段时间社会发展的方向。我们终将在实现“中华民族伟大复兴”这一伟大梦想的指引下，穿越“后工业社会”的重重迷雾，建成“富强民主文明和谐美丽的社会主义现代化强国”，而这也就意味着一种新的社会形态的到来。这样一种新的社会形态的出现，必然意味着文化产品在日常消费中比重的极大提升；而这种情况的出现，则有赖于整个社会文化素质和审美能力的极大提高。

正如历史一再证明的，营利性是一切市场经济的根本特征，因而单

---

①〔美〕马斯洛：《洞察未来》，霍夫曼编，许金声译，改革出版社1998年版，第258页。

纯依靠市场自身的发展，是很难促进人民群众文化素质和审美能力大幅提高的；这一目标的实现，唯有求助于公共文化服务供给能力的不断提升。广大人民群众审美能力的提升，既是公共文化建设与文化产业成长的必然结果，也成为促进公共文化与文化产业发展的内在动力。

文化领域建设目标的实现，终将推动经济、政治，乃至社会保障、生态保护等领域的顺利发展，由此，在中国当前的“现代化”建设进程中，文化建设的重要性终于逐渐凸显出来。

三、文化转型的意义：实现中华民族伟大复兴

从学术研究的角度看，意义与目的之间既存在区别，关系也极为密切。从区别的角度看，目的是任务的实现和目标的达成，而意义则是目标达成之后的效果和影响；从联系的角度看，则目的的实现是意义产生的前提，没有目的也就无所谓意义。就我国当代社会文化转型而言，其目的是建成“社会主义现代化强国”，而其意义则集中体现为“中华民族伟大复兴”。

对中华文明本身来说，“复兴”意味着国力的再次强盛，人民生活水平的大幅提升；对外部世界而言，“复兴”主要是指恢复我国在世界文明中的优势地位和重大影响。显然，此所谓“复兴”，并非“复古”，回到汉唐时代的鼎盛状态，而是指中华文明重新获得在世界范围内的领先地位。事实上，复兴之后的中国，与汉唐时代的中华帝国既存在相似之处，更有着本质的差别。大致说来，相似之处在于，走向复兴的中华文明依然自信而开放；而不同之处则在于，复兴之后的中国强盛却不霸道。

如何实现中华民族的伟大复兴呢？当然不能像古代那样依靠武力开疆拓宇，对周边国家产生强大的震慑，从而实现宇内太平、万邦来贺的局面。当代社会的中华民族伟大复兴，必须建立在顺应时代潮流，率先实现“现代化”，从而完成社会文化转型的基础上。

当前世界范围内的大多数发达地区，从生产方式到社会关系，都已经出现了许多不同于“工业社会”的现象，进入了所谓“后工业”时代。如前所述，“后工业”社会的命名方式，意味着其所代表的社会形态虽然有别于“工业社会”，但却尚未形成一种全新的社会形态。其所呈现出来的社会文化特征，虽然还不能明确标示未来社会的具体形态，却也已经展示出某些发展趋势。

“后工业社会”的形成，一方面源于人们消费观念和消费方式的改变，即所谓“心的经济”或谓“体验经济”的出现；另一方面是则因为不断发展的科学技术为这些新兴消费习惯提供了技术支撑和导向。新的消费习惯与日新月异的科学技术，二者相辅相成，共同推动了社会文化的急剧变革，也昭示出社会文化的发展趋势。

新的消费习惯，主要体现为人们对“物的依赖”日渐减少，而精神消费则渐趋旺盛，这也为当今时代的生产和消费提供了内容方面的要求。新的科学技术，一方面不断满足着人们的消费需求，另一方面也为了自身的发展，不断创造出新的消费需求。就世界范围来看，当前支撑和推动社会变革的最主要的科学技术是5G通信技术与人工智能，还有目前发展形势仍不明朗的新能源技术。目前中国的科学技术发展，虽然总体上依然无法超越欧美发达国家，但恰恰在上述具有引领未来社会发展方向的新兴科学技术方面，我国拥有的优势却是显而易见的。

根据马克思主义的基本观点，我们目前所处时代人的社会存在方式，依然体现为“以物的依赖性为基础的人的独立性”，而其发展方向则是“人的自由和全面发展”。从“工业社会”向“后工业社会”的过渡，所反映的就是这种发展趋势。跨越“工业社会”之后的社会形态，虽然目前还很难准确命名，但人在新的社会形态中的存在方式，无疑会越来越能够摆脱“物的依赖性”，从而获得更多的“独立性”。新能源、5G通信技术、人工智能正是帮助人类实现这些可能最直接的科学技术。只要我们能够维护好当前相对稳定的发展环境，假以时日，中国一定能够在世界范围内率先进入“后工业”之后的新时代。届时，“社会主义现代化”已经实现，中国跨越三个世纪的“社会转型”终将完成。

“中华民族伟大复兴”，不仅意味着中国社会自身“现代化”的实现，还意味着作为负责任大国，担负起推动全球各国“现代化”的使命。作为率先实现“社会主义现代化”的世界大国，作为新时代的负责任大国，中国将会以更加开放的姿态，以“人类命运共同体”意识，推动世界各国现代化建设。只有当中国率先实现了“社会主义现代化”，建成中国特色社会主义现代化强国；并由此确立我国在世界文明中的优势地位，进而在带动世界其他国家和地区发展过程中产生重大影响，只有当这一切最终实现的时候，我们才能骄傲地宣称，我们实现了中华民族的伟大复兴。

面向未来的“现代化”建设，为我们今天的社会转型指明了方向。也使我们能够在回望20世纪初以来社会变迁的历史进程时，更加清晰地认识社会文化转型的规律。认识到“文化”在面向未来的“现代化”建设过程中的重要意义，我们就更加明确了研究20世纪上半叶文化发展历史的重要性，也由此坚定了研究这段时期文学艺术发展规律的重要意义。不仅如此，准确把握当代社会文化的发展方向，也使我们获得了发现、理解近现代文学艺术观念、范式、理论体系演变过程的能力，进而更加清晰地把握文艺学美学演变的规律，从而为理解文艺美学学科的诞生和发展奠定了坚实的基础。

第二章

“文艺美学”概念的核心与边界

“文艺美学”学科的诞生，首先是一个历史事件，这一历史事件的发生有其必然性与偶然性，必然性意味着，“文艺美学”学科在20世纪80年代初兴起之前，文学艺术研究领域就持续存在着推动这一学科诞生的内在动力，这也是本课题将研究的范围上探到20世纪初叶的原因之一；偶然性则意味着，这一新兴学科诞生的具体时间，需要一些必要的契机，比如20世纪80年代的改革开放、胡经之先生的大力倡导，都是促成这一历史事件发生的重要契机。其次，这一历史事件是发生在文艺学、美学领域的，既是文艺学研究之重要发展，也是美学研究之重要突破。但这不等于说，文艺美学是交叉学科或者中介学科，它带着原生学科的泥土，却已经是一种不同于原生学科的新兴学科。作为一门新兴学科，学科“融合”是其最明显的标签。再次，随着时代发展，这一事件的影响已经逐渐超出文艺学美学领域，渐次扩展至整个文化领域。当然，这也并非说，“文艺美学”研究已经成为边界模糊的“文化美学”，文学艺术现象依然是“文艺美学”研究的主要对象，只是研究的方法并不局限于传统的文艺学美学方法，研究的影响也不再仅仅局限于文学艺术领域。

于是，我们关于“文艺美学”概念的理解，首先应该在其发展历史中厘清其最核心的学科属性，其次在与包括文学美学在内的各门类艺术美学学科的区别和联系中，明确其研究的边界。如此，方能对其可能存在的研究形态（分支），以及应该发挥的社会作用，都有更清晰的理解和把握。也只有这样，本书“绪论”基于文艺美学学科四十年来发展历程所概括出的“辐辏式”的体系形态，才有可能更加清晰地呈现出来。①

第一节 “文艺美学”学科发展历史回溯

按照一般的说法，“文艺美学是20世纪70年代以后在我国兴起的一门新学科”②，其根据即是我国台湾学者王梦鸥先生1971年11月在台湾新风出版社出版的《文艺美学》一书，这是迄今为止我国境内出现的第一部以“文艺美学”命名的学术著作。正如1750年鲍姆嘉通《美学》第一卷的出版，标志了“美学”作为一门新学科的诞生一样；王梦鸥《文艺美学》一书的问世，似乎也有理由作为“文艺美学”这门具有中国特色的人文学科诞生的标志。

然而，认真比较一下，就会发现王梦鸥的《文艺美学》与鲍姆嘉通的《美学》实际上是不同类型的学术著作。鲍姆嘉通的《美学》规

① 关于“文艺美学”的“辐辏式”的体系形态，本书“结语”中有更加详细的分析和说明。

② 曾繁仁主编：《文艺美学教程》，高等教育出版社2005年版，第1页。

定了“美学”这门新学科的研究对象、任务和性质：“美学的对象就是感性认识的完善（单就它本身来看），这就是美；与此相反的就是感性认识的不完善，这就是丑。正确，指教导怎样以正确的方式去思维，是作为研究高级认识方式的科学，即作为高级认识论的逻辑学的任务；美，指教导怎样以美的方式去思维，是作为研究低级认识论的科学，即作为低级认识论的美学的任务。美学是以美的方式去思维的艺术，是美的艺术的理论。[①]”

而王梦鸥的《文艺美学》却并没有对“文艺美学”作为一个学科的性质、对象、内容、方法等做出解释或说明，全书共十一章，分为上下两篇，上篇七章论述西方文学观念的发展；下篇四章论述文学审美的几个重要问题。通篇没有论及“文艺美学”这一概念，全然没有建立一门新学科的意识。根据冯宪光先生的说法，“在中国语文中第一个使用‘文艺美学’一语的，是台湾尉天骢集结、编辑王梦鸥研究西方美学的论文集所定下的名称”，“因为‘文艺美学’一语是出版论文集时作为书名而存在的，因此书中的文章不可能来论述‘文艺美学’的含义”[②]。由此可见，将王梦鸥《文艺美学》的出版作为“文艺美学”学科诞生的标志，其实是有些勉强的。

事实上，王梦鸥先生《文艺美学》一书的出版，对于“文艺美学”学科产生的主要意义在于，这是我国境内“第一部”以《文艺美学》命名的学术著作。正如杜书瀛先生所说：“仅仅这个名字的使用，就应该在历史上记下一笔。[③]”

其实，如果不限定于学术著作的范围，第一个使用“文艺美学”这一名词的，并不是王梦鸥先生。杜书瀛先生在他后来发表于“博客

---

① 转引自朱光潜：《西方美学史》上卷，人民文学出版社1963年版，第297页。

② 冯宪光：《文艺美学是一门‘间性’学科》，收录于曾繁仁、谭好哲主编《学科定位与理论建构——文艺美学论文选》，齐鲁书社2004年版，第147页。

③ 杜书瀛：《文艺美学的教父》，《南方文坛》2002年第5期。

网”的《文艺美学的教父》一文中提及，“2003年底在台湾台北市举行的回顾两岸五十年文学学术研讨会（由中国社会科学院文学研究所与台湾中国文化大学中国文学研究所共同主持）上，中国文化大学的金荣华教授在评议我的大会发言时说，王梦鸥先生《文艺美学》并非这一学科出现的最早标志，在1969年，中国文化大学文学系就已开始讲授‘文艺美学’，主持此事并讲授此课者，即金荣华教授；差不多同时，台湾的一所师范院校，也开设了文艺美学课。”由此可见，“文艺美学”作为一个专业术语的出现或者可以上溯到20世纪的60年代。

此外，根据王一川先生《回到语言艺术原点——文艺美学的三次转向与当前文学的间性特征》（发表于《文学评论》2019年第2期）一文提示，笔者也查询到最早提出“文艺美学”一词的是学者李长之。1935年，李长之在《论文艺批评家所需要之学识》一文中写道：“什么是文艺批评家的专门知识呢？这是只有文艺美学（Literaraesthetik）或者叫诗学（Poetik）。文艺美学者是纯以文艺作对象而加一种体系的研究的学问。例如什么是古典，什么是浪漫，什么是戏剧、小说、诗……从根本上而加以探讨的，都是文艺美学的事。”[①]据此，则“文艺美学”这一术语的出现，又可以上溯到20世纪的30年代。不过，李长之所谓“文艺美学”，指的是“纯以文艺作对象而加一种体系的研究的学问”，用今天的学科分类眼光看，这其实就是“文艺学”，并非今天我们所说的“文艺美学”。

正如很多学者所指出的，虽然“文艺美学”这一词语的出现可以追溯到20世纪上半叶，但它作为一门学科的发展及产生重大影响，“却是在改革开放之后的中国内地”，其标志性事件即是，“1980年初，大陆学者胡经之在昆明召开的首届中华美学学会上提出，高等学校的文学、艺术学科的美学教学，不能只停留在讲授美学原理，而应开拓与

---

① 李长之：《李长之文集》（第3卷），河北教育出版社2006年版，第35页。

发展文艺美学”。[①]会后，学会的简报中报道了胡经之有关建设文艺美学学科的建议。从此，文艺美学作为一门新兴学科在我国得到了蓬勃发展。

自20世纪80年代初至今，“文艺美学”研究在各种质疑和争论中已经走过了四十年时光。关于该学科四十年来发展的成就与不足，已经有很多学者尝试对其加以回顾与分析。其中北京大学王一川教授从研究范式转向角度，对四十年来文艺美学学科发展做出的分期及相关研究，无论对于该学科自身发展，还是该学科发展对与之相关的诸学科之间的相互影响，都做出了较为确切的分析和评价。

在《回到语言艺术原点——文艺美学的三次转向与当前文学的间性特征》一文中，王一川先生将四十年来的文艺美学研究总结为三次范式转向：“文艺美学是伴随改革开放时代而兴并引发争议的学科，先后经历美学论、文化论和语言艺术论三次转向。[②]”王先生的这些论述非常准确地描述和定位了这些年来“文艺美学”学科研究的艰辛历程。

正如我们在“绪论”中所分析过的，“文艺美学”的兴起与发展，固然始于20世纪80年代初；但其作为一门新兴学科的诞生，却并不是在毫无征兆的情况下遽然出现的，而是经历了一个漫长而艰辛的孕育过程。历史地看，“文艺美学”学科产生与发展的学理依据，是在中国文化的现代转型过程中出现并不断发展的，向前可以追溯到中国文化从传统逐渐转向现代的遥远年代，向后则可以延伸到中国文化不断焕发生机，直至重新立于世界文明之巅的未来社会。

---

① 曾繁仁主编：《文艺美学教程》，高等教育出版社2005年版，第1页。

② 王一川：《回到语言艺术原点——文艺美学的三次转向与当前文学的间性特征》，《文学评论》2019年第2期。

第二节 “文艺美学”概念的核心：学科属性辨析

正如任何一门新兴学科的出现都必定会遇到质疑的声音一样，文艺美学学科创立至今，也不断有各种关于其学科定位的不同意见产生。有的学者甚至直接否定了文艺美学作为一门独立学科存在的合理性：“文艺美学只是一个研究视角、研究方向，它能成为一个三级学科或四级学科，这就是它的位置。而它作为一个学科，我觉得还缺少很多具体的因素。[①]”类似的意见还有一些，但这些观点针对的主要是文艺美学作为一门新兴学科尚有许多不成熟因素，这是一个毋庸置疑的事实，但据此否认文艺美学作为一门独立的学科存在的合理性，则有因噎废食之嫌。四十年来的研究实践表明，文艺美学这门新兴学科的建立是非常必要的，也是其他学科无法取代的。我们需要的是通过认真的研究、严密的推理来说明其作为一门独立学科的基本属性。

一、关于“文艺美学”学科属性的几种不同意见

关于文艺美学的学科属性问题，学术界探讨的已经很多了，归纳起来，大致有如下几种观点。

（一）中介说

这种观点认为：“美学是一个学科系统，是各分支学科辩证发展

① 董学文：《对文艺美学的质疑》，《文艺美学研究》（第一辑），山东大学出版社2002年版，第304—305页。

的一个学科体系。它的逻辑形态是哲学美学、文艺美学、艺术部门美学；它的历史形态是美学史。这两种形态互相结合，一个是逻辑凝缩了历史，一个是历史展示了逻辑。文艺美学作为逻辑形态，是哲学美学和艺术部门美学的一个中介，它处在哲学美学逻辑发展的终点和艺术部门美学逻辑发展的起点之间，或者说文艺美学以哲学美学的逻辑终点作为自己的逻辑起点，而它的逻辑终点又为艺术部门美学规定了逻辑起点。①”这种观点显然是在美学的整体框架内来理解文艺美学的学科属性的，因而将之看作是美学的一个组成部分，是其逻辑链条的一个重要环节，在这个完整的逻辑链条中，文艺美学是作为哲学美学和艺术部门美学的中介学科存在的。这一看法不无道理，应该说，它较为准确地把握住了文艺美学与美学之间的关系；然而，从另一方面看，这一看法其实是更多地注意到了文艺美学与美学之间的联系，而忽视了它们之间的区别。实际上，作为一门新兴学科的文艺美学已经不是纯粹的美学，而具有了另外一些不能为美学所容纳的特点，唯其如此，文艺美学才具有了独特的价值，成为了一门独立的学科。就这一点来说，将文艺美学视为美学的一个组成部分显然是不合适的。

（二）部分说

这种观点从文艺活动与一般审美活动之间的差别入手，认为：“艺术活动离不开审美活动。但艺术活动又自成系统，从文学艺术家体验生活，到艺术创作，再到艺术为人所接受，均须按照美的规律进行。这种艺术活动的审美特质和审美规律，应该获得系统的研究。为了和其他美学相区别，我把这称之为文艺美学。②”这种观点看似强调了文艺美学与美学的区别，实则认为文艺美学实际上就是美学的一个组成

① 周来祥：《我对文艺美学的研究与理解》，《中外文化与文论》（9辑），四川教育出版社2002年版，第75—76页。

② 胡经之：《超越古典：文艺美学新方向》，《文艺研究》2000年第1期。

部分，是美学中专门研究文艺的那一部分。与“中介说”不同，这一观点显然认为，文艺美学是诸部门艺术美学的统称，各部门艺术美学合在一起构成美学的一个重要分支，共名之曰“文艺美学”。然而，从另一方面看，此说与“中介说”同样过多地注意到了文艺美学与美学的共性，而都忽视了文艺美学自身的独特之处，因而也就在实质上取消了文艺美学的独立性。且不说被称作“美学之父”的鲍姆嘉登之所以创立美学这一学科，其目的就在于将对文艺活动的研究从一般的文化研究中独立出来；[①]美学史上将艺术现象视为美学主要研究对象的美学家实在多得不胜枚举，比如谢林、黑格尔、车尔尼雪夫斯基等我们耳熟能详的美学大家都持有类似观点。依照上述“部分说”的观点，文艺美学的创始至少可以从黑格尔时代，甚至可以从鲍姆嘉通时代算起了，而这显然是一个极为荒谬的推论。因而，这一说法看似强调了文艺美学与美学的差异，实则依然是将文艺美学视为美学的一个分支，如此一来也就抹杀了文艺美学应有的学科独立性，在实际上否认了其作为一门独立学科的可能性。

（三）交叉说

这一种观点认为：“在文艺现象的阐释中，有纯美学的研究，也有专注于文艺理论的研究，同时出于实践的需要，也出现了一种既非纯粹的美学理论研究、也非纯粹的文学理论研究，而是介于两者之间，形成了一个新的学术领域，这就是文艺美学。[②]”这种观点从否定的

① 鲍姆嘉登的《美学》主要是以诗歌作为主要研究对象的，这与他本人的爱好有关。但他声明，“美学”所研究的规律可以应用于一切艺术，“对于各种艺术有如北斗星”，这说明，在鲍姆嘉登看来，美学的研究对象应该涉及一切艺术，具体到某一个美学家，则可以有所侧重。参见朱光潜：《西方美学史》（上卷），人民文学出版社1979年版，第300页。

② 钱中文：《文艺美学——文艺科学新的生长点》，《文艺美学研究》（第一辑），山东大学出版社2002年版，第23页。

角度谈了文艺美学应有的学科属性，认为文艺美学既非纯粹的美学理论研究，也非纯粹的文学理论研究；但从另一方面说，也可以认为，在这种观点看来，文艺美学既有美学研究的特征，也有文学理论研究的特点，因而才是一个介于两者之间的新兴学科领域。从这一点看，这种观点显然是认为文艺美学是一种同时具有美学和文艺理论两种学科特征的交叉学科，但文艺美学所具有的是美学与文艺理论的哪些特征呢？这些特征又是以何种方式共处于文艺美学这一新兴学科之中的呢？此说又语焉不详。

那么，作为一门新兴、独立学科，文艺美学应该具有怎样的学科属性呢？在笔者看来，文艺美学是在新时期以来特殊的历史背景下发展起来的，它的确已不再是传统意义上的美学或者文艺学所能包纳得了的，因而任何一种试图在传统的文艺学或者美学的疆域内来理解文艺美学的方式都是不能成立的，其结果不是无法真正解释文艺美学之所以是文艺美学的真实原因，就是在实际上取消了文艺美学作为一门新兴学科的独立性。就这一点来说，上述“中介说”和“部分说”显然都存在先天不足，不足以给文艺美学的学科属性以真正有益的解释。但这并不是说，文艺美学与传统的美学和文艺学毫无关系，从文艺美学自身发展的历史看，它显然是在两者基础上发展起来的，因而同时具有传统的美学和文艺学的某些特征。就这一点来说，上述“交叉说”似乎接触到了关于文艺美学独具特征的某些方面，惜乎相关学者在关于这一问题上的表述过于笼统，未能对之加以更加明确的说明。不仅如此，“交叉说”之所以还只是一种并不成熟的观点，关键还在于其在最重要的理论问题上语焉不详：在文艺美学中，传统的美学与文艺学究竟是如何交叉的呢？是相互混杂、叠合，还是互相融合？借用自然科学的观点，传统的美学与文艺学在新兴的文艺美学中究竟是呈现为一种化合的状态还是呈现为一种混合的状态呢？笔者以为，这才是问题的关键所在。

二、“文艺美学”作为一门新兴独立学科的应有属性

通过对以上诸种意见的分析，笔者以为，对于文艺美学学科属性的理解，既不能囿于传统的美学或者文艺学，将文艺美学简单视为美学或者文艺学的一个分支，当然也不能完全脱离传统的美学或者文艺学，将文艺美学视为一门毫无理论渊源、凭空产生的新学科。对于文艺美学这样一门在传统美学与文艺学基础上发展起来的新兴学科，我们需要用一种相对全面、深入、辩证的眼光来理解其不同于其他相邻学科的学科属性。

从相通的一面讲，相对于传统的美学或者文艺学，文艺美学并没有什么区别于它们的独特研究对象，文学艺术现象是它们共同关注的对象。[①]

在学科分化尚不明显的年代，曾有人提出确定一门新学科的依据是看它是否有自己独特的研究对象。[②]时移势易，现代学科的分化愈来愈细，如今一种对象常常有不止一门学科在研究它，任何一个不同的理论视角，一种不同的研究方法都有可能形成一门新的学科。文艺美学作为一门新兴独立学科的出现就是在这样的理论背景下成为可能

① 文艺学，或称文艺理论，与文艺美学同以文学艺术作为自己的研究对象是没有什么疑问的；至于美学，则需要一些说明。从美学史上看，绝大多数美学家都会把文学艺术作为自己的重要研究对象，其中有许多人，比如谢林、黑格尔、车尔尼雪夫斯基等人还明确表示，他们的美学就是研究艺术的；但也确有许多人逐渐将美学的研究对象扩展到了人类的整个审美活动领域，使美学的研究对象远远超出了文学艺术的范围，这一点在许多现代美学家比如克罗齐、海德格尔、萨特，以至我国著名美学家朱光潜等尤为明显。在这一点上，出于尊重历史的考虑，我们必须承认美学的研究范围是要大于文艺理论和文艺美学的。但同样毋庸置疑的是，不管在哪位美学家那里，文学艺术现象都是他们非常关注的研究对象之一。

② 比如，法国学者埃米尔·迪尔凯姆就曾说过，一门学科“之所以能成为特别的学科，是因为它所研究的对象，是其他学科所不研究的”。参见埃米尔·迪尔凯姆《社会学方法的规则》，胡伟译，华夏出版社1999年版，第120页。

的。尽管从研究对象看，文艺美学与文艺理论的研究对象是一致的，与美学的研究对象也在很大程度上是重合的；但理论视角和研究方法的不同，使文艺美学与传统的美学和文艺理论有了质的不同，从而标志着一个新的学科门类的诞生。

如前所说，这种理论视角和研究方法的差异并不意味着文艺美学是凭空产生的，它依然与传统的美学和文艺理论有着深刻的内在联系，某种意义上，文艺美学正是结合了传统的美学和文艺学的特点，形成了一种融传统美学研究与文艺学研究为一体的新的学科。融合，意味着两种不同成分之间的同化，当然也意味着每一种成分相对于自身的异化，仍然借用自然科学的概念，这种融合是一种化合的过程，而不是一种简单的混合过程。在融合后产生的新质中，两种成分已经难辨彼此，你中有我，我中有你。这也就是说，在文艺美学中，美学的成分已不再是单纯的美学研究，而是具有文艺理论特征的美学，也可以叫做文艺学的美学；文艺理论的成分也不再是单纯的理论研究，而是具有了美学特征的新的文艺理论，也可以称之为美学的文艺学。唯其如此，文艺美学才能形成一种既有别于传统的美学研究，也不同于传统的文艺理论研究的新学科，真正实现美学和文艺学两种理论视角和研究方法的无间融合。

显然，这种"融合"说并不同于前面所引述的那种"交叉"说。"交叉"，并不必然意味着两种不同质的化合，也可能仅仅是两种不同质的混合而已。而"融合"则必然意味着两种不同质的化合，而化合之后产生的新质则是一种新的、不同于任何一种其所来源的旧质的新事物。文艺美学之于传统的美学和文艺学也正如此，既与其所来源的两门旧学科有着千丝万缕的联系，也有着不能为任何一门旧学科所包纳的新的特征，正是这新的特征，使文艺美学作为一门新兴独立学科最终成为了可能。

三、“文艺美学”不同于传统的美学和文艺理论的独特性

如前所说，文艺美学与传统的美学和文艺理论最主要的差异并不在于他们的研究对象有什么不同，笼统地讲，可以认为它们都是以文学艺术作为自己的主要研究对象的；是理论视角和研究方法的不同，最终使文艺美学与传统的美学和文艺理论有了质的不同，从而标志着一个新的学科门类的诞生。具体地讲，文艺美学与美学的不同，主要就在于研究方法的拓展，文艺美学借鉴了文艺理论关注现实、讲求实证的研究方法，使理论界在文学艺术领域的研究摆脱了传统美学过于关注对形而上问题的探讨、注重对逻辑思辨方法的运用的特点，从而使关于文学艺术现象的研究变得更加贴近文艺实践；而文艺美学与传统文艺理论的差异，主要就在于研究视角的拓展，使理论界对文学艺术现象的研究从侧重文艺现象的社会背景等“外部因素”转而关注文艺现象的审美特质等“内部因素”，从而使关于文艺现象的研究变得更为精微细致。[①]

传统美学学科从一开始就是哲学研究的一个分支，被称作“美学之父”的鲍姆嘉通最初创立美学这一学科，其动因就是不满于传统哲学只研究逻辑学和伦理学，于是提出建立一门“感性学Aesthetics”来填补其缺憾。因而，自鲍姆嘉通时代起，哲学研究就是美学这门学科最重要的研究方式。从研究对象看，同样自鲍姆嘉通时代开始，艺术现象就是传统美学极为关注的一个领域，甚至我们还可以列出自谢林、黑格尔、车尔尼雪夫斯基直到当代美国学者布洛克等一系列主张

---

① 文艺研究的“外部因素”“内部因素”的说法始自英美新批评派的代表人物韦勒克和沃伦，在他们合著的《文学理论》一书中，他们对于文学的“外部研究”和“内部研究”进行了专门的分析。依据韦勒克和沃伦的说法，“外部因素”指的是文艺产生的时代背景和社会环境等内容，而“内部因素”指的则是文艺作品本身，主要是指作品的存在方式、构成方式等内容。参见〔美〕韦勒克、沃伦:《文学理论》，刘象愚等译，生活·读者·新知三联书店1984年版。

美学就是艺术哲学的美学家名单来，然而，这些美学家所关心的并非艺术实践活动本身，他们所热衷的是艺术的本质就是什么，艺术是以什么样的形态存在的等一些极为抽象的哲理问题。这也就是说，在这些关于艺术现象的美学研究中，哲学问题依然是美学家关注的焦点，因而哲学方法也一直是他们进行美学研究所使用的最主要的方法。

我国自1949年建国之初直到20世纪70年代末，美学家受到苏联学术界的影响，所关注的也是诸如美的本质之类抽象的哲学问题，其间形成的以蔡仪、吕荧、朱光潜等先生为代表的所谓“美学四大家”，其主要分歧即是对于美的本质之认识的差异。在关于美的本质的抽象思辨中，哲学研究的方法当然也成为了那一时期美学研究所运用的主要方法。这样的美学研究自然离文艺现象十分遥远，美学不“美”成为新时期之初学术界的一个共识，正是在这样的时代背景下，作为一种既秉承传统美学关注审美之特征，亦热心文艺实践研究的新学科，文艺美学也就应运而生了。

相对于美学学科，文艺理论的历史更为源远流长，在20世纪之前数千年的时间里，无论中西方，对于文学艺术的研究大都是围绕文艺作品产生的历史背景、社会环境等被“英美新批评”派学者称之为“外部因素”的那些方面进行的。这一情况在20世纪以来的西方文艺理论界有所改变，以文艺作品的内部结构、存在方式等所谓“内部因素”作为主要研究对象的各种新潮文艺理论不断涌现，到20世纪下半叶，在西方社会，文艺研究已经基本完成了由外而内的转变。当然，由于这些研究主要是在俄国形式主义、结构主义、英美新批评等注重作品形式的文艺思潮影响下出现的，因而西方社会出现的这种向内转的研究趋向，主要是针对文艺作品的形式方面的因素进行的。

在我国，情形则有所不同。近代以来，因为特殊的时代背景和社会条件，伴随着大规模西学东渐而涌入我国国门的各种西方现代文艺理论并没有产生同样的影响，那些与社会救亡、民族命运关系密切的理论逐渐成为了时代思潮的首选，而那些相对远离社会政治生活的理论则逐渐淡出了人们的视野。1949年新中国成立前如此，此后一边倒地接受苏联的文化影响后也没有改变这种情况。直到20世纪70年代末，注重文艺作品产生的时代背景、社会环境等所谓外部因素的研究始终是我国文艺理论与批评的主流。

新时期之初，这种情况逐渐发生了变化。因为不满于文革中盛行的“阶级论”“工具论”等政治说教，文艺理论界在拨乱反正的社会背景中开始强调文学艺术活动的审美功能，文艺活动的审美特性甚至一度被认为是文学艺术活动的本质特征。在这样一种时代背景下，作为一种既能够秉承传统文艺理论关注文艺实践之特征，亦注重研究文学艺术现象之审美特征的新学科，文艺美学的诞生也就是顺理成章的事情了。

综上所述，新时期以来诞生于我国文艺研究领域的文艺美学，继承了传统美学关注文学艺术审美特征的特点，而较少使用其抽象思辨的研究方法；接受传统文艺理论注重文艺实践活动的特点，而较少关注文学艺术活动审美属性之外特征的研究。由此可见，新时期以来作为一门新兴学科出现的文艺美学，已经不再是单纯的美学或文艺学，而是包含着美学内容的文艺学或者包含着文艺学内容的美学，是文艺学和美学的融合，也可以说是文艺学的美学或者美学的文艺学。

近四十年来的研究实践证明，这种兼有文艺学和美学两种传统学科特征的新的研究视角，可以使我们在对传统的文艺学和美学的辩证综合中，在一个更广阔的理论视野中，更为全面地把握本来就存在诸多相互交织之处的文艺学和美学的诸多研究领域。

第三节 “文艺美学”概念的边界：诸部门艺术美学

作为一门现代学科，“文艺美学”概念的边界，显然是与其研究对象的范围相关的。因而，分析这一新兴学科的研究边界之前，我们需要先分析一下这一学科的研究对象。

“文艺美学”学科诞生之初，胡经之先生就曾经指出，“高等学校的文学、艺术系科的美学教学，不能只停留在讲授哲学美学原理，而应开拓和发展文艺美学。[①]”这也就意味着，在胡先生看来，文艺美学应当是研究“文学、艺术”现象的，这也是目前学术界关于这一问题的较为普遍的观点。然而，基于这一表述本身，在“文艺美学”学科四十年的研究历程中，还是形成了几种不同的观点。一种是认为文艺美学就是研究作为艺术门类之一的文学中的审美现象的，比如王一川先生认为：“文艺美学就是现行文艺学的一个分支学科，而不必硬扯到属于另一个一级学科的美学上去；而无论文艺学还是文艺美学虽然字面上都包含‘文学’与‘艺术’，实际上却是主要地指文学，也就是文学学和文学美学。[②]”也有人认为文艺美学应该以文学和艺术作为研究对象，比如曾繁仁先生认为：“（文艺美学）作为学科本身则取美学的视角，对文学、艺术进行全方位的美学研究。”[③]还有一种看法，试图

① 胡经之：《文艺美学及文化美学》，复旦大学出版社2016年版，第3页。

② 王一川：《今日文艺美学的限度与开放》，《当代文坛》，2006年第6期。

③ 曾繁仁主编：《文艺美学教程》，高等教育出版社2005年版，第3—4页。

将文艺美学研究的范围推向更为广阔的“文化”领域，比如姚文放先生主张，“文艺美学走向文化美学是可能的”，其理由是：“审美经验边界的拓宽，持一种更加通达、灵活、开放的态度，正如文艺史、美学史所显示的，这种积极的、建设性的态度有利于文艺活动以及美学理论的进一步发展。”[①]单从字面理解，这些看法都有其逻辑的合理性；然而，如果我们结合文艺美学发展演变的历史观察这一现象，则会发现，学术史呈现的是一种多声部融合发展的繁荣景象。

现代汉语“文艺”一词的源头主要有两个：古代文论、苏联的文艺学。古代汉语中，“文艺”一词很少出现。根据笔者的文献调查，南朝时期刘勰在《文心雕龙》中有“吐纳文艺”之说，较早使用了“文艺”一词。陆侃如、牟世金两位先生对这里的“文艺”一词的理解是“作文的技艺”[②]，与现代汉语中的“文艺”一词含义相去甚远。另据毛庆耆先生考证，“文艺学”一词是20世纪50年代由苏联引入的，其俄文形式由“文学”和“科学”构成；现行《辞海》版本也将“文艺学”解释为“研究文艺的各种现象，从而阐明其基本规律及基本原理，并做分析、评判、分类的科学，亦称文艺科学”[③]。因而，在中国目前的学术语境中，“文艺学”一词的确切含义就是文学理论。

然而，现代汉语语境中，所谓“文艺”，含义却远比上述两种含义驳杂。《现代汉语词典》中关于“文艺”的解释是，“文学和艺术的总称，有时特指文学或表演艺术”[④]。这也反映出人们日常关于“文艺”一词的习惯用法。

于是，当代关于文学艺术研究的领域，“文艺学”的研究对象通

---

① 姚文放：《文艺美学走向文化美学是否可能？》，《社会科学战线》，2005年第4期。

② 陆侃如、牟世金：《文心雕龙译注》下册，齐鲁书社1981年版，第285页。

③《辞海》编辑委员会：《辞海》，上海辞书出版社2001年版，第1860页。

④ 中国社会科学院语言研究所词典编辑室：《现代汉语词典（修订本）》商务印书馆1996年版，第1319页。

常就是作为“艺术”的“文学”现象，这在理论和实践中大致都是如此；但“文艺美学”的研究对象，却多数倾向于包括“文学”在内的“艺术”。新时期以来的文艺美学研究历史，也证明了这一点。

新时期以来，伴随着“文艺美学”的勃兴而同时蓬勃发展起来的，还有由音乐美学、绘画美学，以及戏剧美学、影视美学等共同组成的“艺术美学”学科群，通常也被笼统地称为“艺术美学”。不过，一般所说的“艺术美学”，并不包括文学美学研究在内，虽然文学通常也被视为艺术门类之一。而在“文艺美学”研究领域，关于“文学”现象的研究，通常占据着主流位置；但“文艺美学”研究者们并不因此摒弃对文学之外的其他艺术形式的研究。只是，“文艺美学”对其他艺术形式的研究，通常只是一种理论层次的关照，多数时候并不深入技术层面；与其相应，一般所谓“艺术美学”，则常常集中目光于文学之外的艺术门类之技术层面的研究。也正是由于“文艺美学”与“文艺学”“艺术美学”之间的这种错综复杂的关系，马龙潜先生主张将“文艺美学”看作是包括文学美学、音乐美学、绘画美学，以及戏剧美学、影视美学等诸部门艺术美学之“元理论”学科，是有其深刻的逻辑和历史双重依据的。[①]

无论从历史的还是从逻辑的角度看，“文艺美学”学科研究的边界都应当拓展到包括文学美学在内的诸“部门艺术美学”。逻辑地看，“文艺美学”以包括“文学”在内的“艺术”现象作为研究对象，自然应当将研究的目光投向包括文学在内的诸艺术门类；历史地看，“文艺美学”研究始终关注包括文学美学在内的诸“部门艺术美学”。当然，与“艺术美学”不同的是，“文艺美学”突出的是“元理论”的视角，主要关注基础理论问题，而基本不涉及技术层面。需要强调的是，

① 马龙潜：《文艺美学与文艺研究诸相邻学科之间的互动关系》，《山东社会科学》2008年第12期。

“元理论”指的主要是一种理论观念，而并非只是一种理论形态，它可以从不同视角、不同方法，形成关于“文艺美学”研究的诸多分支学科。四十年来的“文艺美学”研究，也证明了这一点。

关于文艺美学研究的各种理论形态，曾经有学者将其分为基础性、延异性、拓展性三种不同情况，是有其学术史依据的。从基础性到延异性再到拓展性，恰好展示出文艺美学研究从核心向边界扩展的不同形态。基础性研究体现出对于文艺美学“核心”观念的强调，“是一种落实于文艺本身规律的基础性研究”；延异性研究“注重吸收社会学、心理学等学科的方法和内容来丰富文艺美学的研究内涵，由此向文艺学的其他分支学科延伸和关联，来展现文艺的多层价值”，由此形成的，已经不再是文艺学的分支，对于审美内涵的强调，使这些研究在事实上成为了文艺美学的“分支”；拓展性研究“更注重对当今社会现实的关注和文艺美学功用性价值的拓展，从更大的视域和方面来谈论文艺美学的发展前景和学科价值”，这一看似打破了文艺美学研究“边界”的做法，实际上恰好以社会功能区分、而非学科属性界定的方式，为文艺美学的当代研究划定了新的疆域。①

正是在这一意义上，本书“绪论”与“结语”所分析和描述的，关于“文艺美学”研究的“辐辏式”体系形态，才能在“文艺美学”学术史中更加清晰地呈现出来。

① 王昌树：《当代中国文艺美学研究的三种形态》，《西华大学学报（哲学社会科学版）》2006年第5期。

第三章

20世纪上半叶文艺审美观念的更新与演化

20世纪上半叶文艺审美观念的现代转型，是在西方坚船利炮的淫威与清廷割地赔款的屈辱中开始的，并伴随着社会改良、思想启蒙、民族独立与民主革命的政治思潮，在忧患与叛逆、启蒙与救亡、独立与融合等多重二难的主体性选择中，步履维艰而又潜流暗涌式地进行着的。

文学艺术的社会功能与文艺理论的实用性品格，是20世纪上半叶文艺思想的主流，这是不以个人意志为转移的时代潮流。文艺家、文艺理论家、文艺批评家们对于文艺的审美属性，不是不关注，而是自觉或者不自觉地将其隐匿于社会性与功利性的背后，即便是个性的张扬，也混融在这个时代沉闷而深沉的最强音里。此所谓“自觉”，是指文艺家、文艺理论家、文艺批评家们在时代精神与西方审美观念的双重影响下，能够主动认识并积极权衡了文艺的社会性与审美性，自觉地把文艺的审美性依附于或融汇到文艺社会价值的实现之中。此所谓“不自觉”，是指一些文艺家、文艺理论家、文艺批评家并没有高扬审美性的旗帜，但由于他们有着对艺术规律的自发体验与来自传统艺术潜移默化的审美熏陶，文艺的审美性已经内化到他们的观念与主张之中，成为无需言说的心灵体验。这一点，与西方资本主义时期文艺审美观念的提出与流行，在社会历史的根基、文化传统的沿承、与主体的选择意愿等诸多方面并不相同。正如英国著名马克思主义文艺理论学者特里·伊格尔顿所认为的，“现代审美史在根本上是政治的，既是资产阶级文明社会与其背景的关系的寓言，也是塑造一种特定的资产阶级主体的实践手段。审美最终是自相矛盾的，既认同，亦批判，但都是资产阶级意识形态的特有方式。”[①]历史地看来，直接置移西方文艺的审美观念，对处于半封建半殖民的旧中国，时机的确并不成熟，因而也就是不适宜的。事实上，就20世纪上半叶文艺审美观念的演化与发展而言，引进、接受与运用西方文艺观念的过程，是有着极为复杂的时代背景与非常现实的政治因素的。

唯物史观认为，社会存在决定社会意识，对包括文学艺术在内的各种社会意识形式的认识，必须到社会存在的发展中找原因。对于一个历史时期文艺观念的研究，马克思早就指出了研究与思考的正确路径。他指出：“我们判断一个人不能以他对自己的看法为根据，同样，我们判断这样一个变革时代也不能以它的意识为根据；相反，这个意识必须从物质生活的矛盾中，从社会生产力和生产关系之间的现存冲突中去解释。”[②]依据20世纪上半叶中国社会历史的发展状况，我们把20世纪上半叶文艺审美观念的演化划分为“三个阶段”。这三个阶段虽总体上以时间的推演为序，但每个阶段却并不严格地以时间为限，而是在历时的演化中，文艺的审美观念较为集中地体现出“家族相似性”特点，或曰“三个特征”也未尝不可。

第一个阶段大致从1900年前后开始，迄于“五四”前的“文学革

---

①〔英〕弗朗西斯·马尔赫恩编：《当代马克思主义文学批评》，刘象愚、陈永国、马海良译，北京大学出版社2002年版，第62页。引文出自弗朗西斯·马尔赫恩在特里·伊格尔顿《自由的特殊：审美的兴起》一文前所加的小注。

②〔德〕马克思：《〈政治经济学批判〉序言》，《马克思恩格斯选集》第2卷，人民出版社1972年版，第83页。

命”，表现为对传统“诗文评”的突破，对西方文艺观念的介绍，在传统思想断裂式的承继与西方观念拼接式的接受中，呈现出审美性对实用性的臣服。这一阶段，我们称之为“破土出苗的艰辛”。第二阶段大致从1917年“文学革命”开始，迄于1930年代中叶“左联”解散，我们称之为“杂花迷眼的浮华”，表现为各种文艺思潮蜂拥而至，体系化的美学理论雏形出现，唯美文艺观成为其中一派，但由于缺乏时代精神的支撑，在“你死我活”的意识形态对抗中，文艺的审美观念沦为无根的乌托邦，文艺的审美性有更现实的潜在体现。第三阶段从1930年代中叶“文艺界抗日民族统一战线”形成，迄于1949年新中国成立，表现为马克思主义文艺观念逐渐成为主流，政治性、人民性成为文艺观念中压倒性的主题，文艺的审美观念隐退，文艺的审美性化身为一种生活化的审美方式。这一阶段，我们称之为“星光暗淡的回归”。

从“破土出苗的艰辛”到“杂花迷眼的浮华”，再到“星光暗淡的回归”，我们大致上可以描述出20世纪上半叶中国文艺审美观念演化的轨迹，并尝试深入到具体的时代背景、复杂的社会政治环境以及文艺自身的内在规律中，揭橥出文艺审美观念演化的内在逻辑与发展态势，以便梳理出“文艺美学”学术主张形成的学理依据和历史动因。

第一节　文化转型前夜的文艺审美观念

我们课题研究的时域是从1900年开始的，涵盖整个20世纪前半叶，但这个时间范围并不是一个生硬的、用来裁剪文学观念演变历史的框架，而毋宁是一种理论研究的整体视域。有学者认为，“20世纪中国文学”之所以标出“20世纪”，是在突出“一个宏观的时空尺度——世界历史的尺度”[①]。对20世纪上半叶文艺审美观念演变历史的研究，亦是如此。我们意欲在一个宏观的时空视野里考察文艺审美观念的现代化进程，即传统的、古典形态的文艺审美观如何向带有明显西化色彩的“现代”文艺审美观念蜕变与转化。因而，无论从时间的绵延接续、思想文化的承传孳生，还是从观念的裂变转型，稍稍回溯一下20世纪之前的历史，考察一下1900年到来之前的文艺审美观念形态，都是必要且有益的。

中国古代以“诗文评”为典型形态的文艺研究，从先秦到清代，历经两千余年，逐渐形成了一套博大精深、自成体系的学术话语，其中包含着许多蕴含丰富而表意精微的文艺审美观念。一方面，在以“文以载道”为核心的观念体系中，具有审美特性的观念总是隐约其辞的。“道”与“情”，“学”与“艺”是作为矛盾的对立面一起出现的。不仅在与“道德”、“学问”的价值较量中，“兴趣”与“性情”总是附带的、从属的，甚至是被指摘与反对的；就是在与“载道”、“经世”的功能博弈中，“缘情”与“游艺”之属也总是处于下风，轻则流为余波，重则遭到遗弃。另一方面，从注重直觉、感悟的个体经验出发，古代的文艺评论大都呈现为一种印象、零星的点悟式表达方式，不仅缺乏分析的准确性与逻辑的系统性，而且零碎、简省的文字形式进一步放大了术语、范畴及审美观念传达的含混性与多义性，尤其到了近代社会，传统术语和表达方式就更加凸显为观念传达的障碍。因此，流行于传统社会的那种由点滴感悟、个人经验累积而成的文艺审美观念，离开相对狭窄和封闭的文人圈子，进入到信息爆炸、知识激

① 黄子平、陈平原、钱理群：《论“二十世纪中国文学”》，《文学评论》1985年第5期。

增的公众视野，就很难产生被普遍认同的文化体验与社会影响。

以成书于1873年的刘熙载《艺概》为例，我们就可以清楚地看出，19世纪末20世纪初，我国文艺审美观念发生“现代性”转型前古典文艺审美观念的基本范式与形态。与大体生活于同一时代的蔡元培、梁启超、王国维等现代学者不同，《艺概》作者刘熙载的思想观念和治学方式都还是古典形态的；《艺概》也是一部用传统诗话形式完成的涉猎广泛、言简意赅的文艺理论著作，该书较为全面地阐释了以儒家思想为主的中国古代文艺思想精华，是中国古典美学一部总结性、概论性著作。

关于文艺的本质，刘熙载认为文艺作品应该是如陆象山所云“从天而下，从肺肝中流出，是自家有底物事”[①]；外部事物与内在情意进入文艺作品，要经过“心”的加工，“无一意一事不可入诗者……要其胸中具有炉锤，不是金银铜铁强令混合也”[②]。相关论述显示出他从传统文化角度对文艺现象审美本质的强调。关于文艺的创造，他提到了“构象”概念，涉及主观与客观融合、艺术形象建构等一系列审美规律。他说：“在外者，物色。在我者，生意。二者相摩相荡而赋出焉。[③]”一方面“知之必‘物我无间’者也”[④]，要“深入闾阎，目击其事，直与疾病之在身者无异”[⑤]，充分接触、观察、体验、融入客观现实之中；另一方面又“必有关著自己痛痒处”[⑥]，要有自己独特的情感体验，否则“若与自家生意无相入处，则物色只成闲事，志士遑问及乎”？[⑦]已然是从文艺创作角度对文艺形象性、想象性、虚构性等审

①（清）刘熙载著、袁津琥笺释，《艺概笺释》，中华书局2019年版，第189页。
②（清）刘熙载著、袁津琥笺释，《艺概笺释》，中华书局2019年版，第350页。
③（清）刘熙载著、袁津琥笺释，《艺概笺释》，中华书局2019年版，第490页。
④（清）刘熙载著、袁津琥笺释，《艺概笺释》，中华书局2019年版，第332页。
⑤（清）刘熙载著、袁津琥笺释，《艺概笺释》，中华书局2019年版，第332页。
⑥（清）刘熙载著、袁津琥笺释，《艺概笺释》，中华书局2019年版，第490页。
⑦（清）刘熙载著、袁津琥笺释，《艺概笺释》，中华书局2019年版，第490页。

美特点的概括。

虽然如此，刘熙载对“艺”“真”“象”等审美观念的论述，却还是置于思想道德这个“一”之下的。他说：“《国语》言‘物一无文’，后人更当知物无一则无文。盖‘一’乃文之真宰，必有一在其中，斯能用夫不一者也。”[①]“一”，即“正”，也就是文艺首先要符合思想道德的纯正与规范。他说：“所贵于情者，为得其正也。忠臣孝子，义夫节妇，皆世间极有情之人。流俗误以欲为情，欲长情消，患在世道。”[②]作家、艺术家首要的，还是要以道德修养为主。

不难看出，刘熙载虽然以带有辩证法因素的方式，讨论了“道”与“艺”“一”与“多”的关系，其中对文艺的审美性也有许多精到的论述，但总体上仍未能跳出传统文艺思想的窠穴，因而也未能对文艺观念转变产生根本性的影响。正像有些学者指出的那样，文艺的种种审美观念，“都建立在‘道’的‘根极’上，各种观点通过不同管道和方式与这个‘根极’贯通，努力维系着这种联系和维护这个‘根极’。种种‘因时而变’的调整，仍然‘万变不离其宗’。”[③]

“承袭了历史悠久的封建主义文化和专制制度，也曾有过回光返照式的光荣和辉煌的清王朝”，[④]终于在晚清农民起义和“西学东渐”的内外夹击之下，逐渐显露出颓势。嘉庆后期，也就是19世纪之初，知识界就陆续出现了对以“诗教”“道统”为范型的传统文艺思想的反思、质疑、批判与求变之声，其中不乏鲜活、生动的文艺审美的因子。比如龚自珍文学“大变”论中的“尊情”观、魏源文学经世观中的“复性”论等，但这些本来应如春笋般绽放活力的一抹绿色，最终

① (清) 刘熙载著、袁津琥笺释，《艺概笺释》，中华书局2019年版，第239—240页。

② (清) 刘熙载著、袁津琥笺释，《艺概笺释》，中华书局2019年版，第623—624页。

③ 钱竞、王飚，《中国20世纪文艺学学术史》(第一部)，上海文艺出版社2001年版，第353—354页。

④ 程亚林：《近代诗学》，湖南人民出版社2000年版，第1页。

却都如寒蝉一般，噤声消隐于古典诗教庞大空洞的大厦里，毫无回响。甚至更多的传统文人，依然以“人与文一”“温厚和平”“比兴柔厚”的论调充实、粉饰、维护着“诗教”“文统”的规范与威严。古典文艺思想的范型是如此的完备，结构性的新变与内部功能的倾轧，有声而无力，难以撼动文艺观念的僵化状态。因此，必须从根本上颠覆整个传统文论的大厦，动摇其价值根基，彻底解放文艺的本质与功能，从而才有可能释放出古典文艺思想中那些独特而精微的审美观念。

20世纪中国文艺审美观念的“演变”，是在对整个传统文论冲击、裂变与叛逆的历史语境中开始的，在颠覆中孕育着新变，在新变中潜隐着承传。其中既有思想观念的转变，也有功能范式的转换，还有一以贯之的坚持。从某种意义上说，1900年前后文艺审美观念的演变，是裂变，是蜕变，也是通变，这是由当时具体的社会历史条件决定的，同样也源出于文艺规律的演绎进化与自我蜕化。

第二节　文艺审美观念的新旧更迭

20世纪上半叶文艺审美观念的变化，是从文艺思想与文学批评的现代转型开始的。就产生广泛社会影响的理论形态而言，文艺观念转型的首造之功，要归于梁启超1899年发起的“诗界革命”；而作为与“古典”相对的“现代”文艺观念广为接受的标志，1917年胡适之、陈独秀等人发起的“文学革命”，则为社会转型期文艺观念的新旧更迭树立了一枚醒目的标志。

历史地看，所谓文化形态的“转型”总是在一个时间段内持续发生着的。然而，就文艺审美观念的转变而言，所谓“转型”又总是体现为种种不同观点之间的应和与论争，正是近现代以来一系列文艺观点的次第出现，才使得我国近现代以来文艺审美观念的转型过程得以清晰地呈现出来。

总的看来，为了使我国文艺审美观念现代转型初期的演化脉络显得更加清晰，我们大致可以将这些次第出现的文艺观点分为“破旧”与“立新”两大类，并分别加以论述。

一、文艺审美观念的“破旧”主张

中国传统社会的政治制度和文化形态成熟都很早，按照王国维《殷周制度论》的说法，周初形成的“制度文物”，即政治制度和文化观念，乃出于“万世之安之大计”[①]，实际效果也确实如此，可谓泽被后世，影响深远。这样一种传统，一方面造成了中国古代社会制度与文化形态的相对稳定，另一方面也给社会发展带来了极大困难。自秦迄清，朝代十数度更迭，社会制度和文化观念却自岿然不动。清末初遭西方列强入侵，节节败退中朝野上下也不曾怀疑自家文物制度之先进，从“师夷长技以制夷”到“中学为体、西学为用”，透露出的都是那个时代的文化人对传统制度和文化的自信。直至19世纪末的甲午中日战争，泱泱大国惨败于一向仰视中华的蕞尔小邦，惨痛教训之下，国人始睁眼看外面的世界，进而“别求新声于异邦”。于是，李鸿章所谓“数千年未有之变局”终成一代人共识，而社会和文化的转型也就成为必然的选择。

然而，传统越深厚，转型也就越困难。社会制度之转型，经过的流血牺牲已经为世人所共见；而文化的转型，也是一场不见硝烟的战

① 王国维：《王国维文集》第四卷，姚淦铭、王燕编，中国文史出版社1997年版，第42页。

场。作为文化观念的重要组成部分，文艺审美观念的新旧更迭，其过程亦极为漫长而艰辛。

（一）“诗界革命”之前的文艺变革思想

梁启超《清代学术概论》云“后之治今文学者，喜以经术作政论，则龚、魏之遗风也”[①]，龚自珍、魏源在晚清思想史上的影响，确非同时代他人可比。魏源主张影响最著者，当属他在《海国图志》中提出的“师夷长技以制夷”之说，此说虽是当时“睁眼看世界”的代表言论，但其文化观念的保守亦是显而易见的；至于文学主张方面，魏源并没有多少具有革新意义的言论。就文艺观念的革新而言，龚自珍比之魏源，显然具有更多的理论价值。事实上，我国近代以来文艺审美观念的“破旧”主张，大致可以追溯到龚自珍的“发于情，止于命”说对传统儒学“发乎情，止乎礼义”说的纠偏。根据程亚林《近代诗学》的观点，龚氏这种理论上纠偏缘自他对传统儒学内部“天理观”与“天命观”之间矛盾的理解，对于传统儒学来说是一种颠覆性的认识，与此前清代产生较大影响的“神韵说”“格调说”“肌理说”“性灵说”均有本质不同。[②]

然而，就其理论主张的文化观念和学术视野而言，龚自珍的文艺观都还是相对较为狭窄的。囿于时代条件，他还不可能跳出中国传统文化的狭隘视野，提出具有世界眼光的新见解。他所强调的“天命”、“尊情”，也都只是在传统文化的范围内的思考。《己亥杂诗·四四》所说的“何敢自矜医国手，药方只贩古时丹”[③]，当是较为公允的自我评价。文艺审美观念之现代转型，最鲜明的主张还是梁启超、黄遵宪一辈学人提出来的。

---

① 梁启超：《清代学术概论》，上海古籍出版社1998年版，第77页。

② 参见程亚林：《近代诗学》，湖南人民出版社2000年版。

③（清）龚自珍：《龚自珍己亥杂诗》，刘逸生注，中华书局2019年版，第54页。

（二）梁启超：从“诗界革命”到“小说界革命”

传统文艺审美观念的现代转型，首造之功虽归于任公，然其所谓“诗界革命”“小说界革命”，就文学观念演变而言，仍然属于能“破”而未能“立”者。梁氏所主张的只不过是假文学艺术以实现维新变法之社会变革目的，要改变的是其功能，而不是表达方式、风格特征等审美属性。相反，为了更好地发挥文学艺术的社会功能，他甚至强调诗歌要“以旧风格含新意境”：

> 故今日不作诗则已，若作诗，必为诗界之哥伦布、玛赛郎然后可。犹欧洲之地力已尽，生产过度，不能不求新地于阿米利加及太平洋沿岸也。欲为诗界之哥伦布、玛赛郎，不可不备三长：第一要新意境，第二要新语句，而又须以古人之风格入之，然后成其诗。①

梁启超自言“余素不能诗，所记诵古人之诗不及二百首，生平所为诗不及五十首”②，他之所以要提倡“诗界革命”，不是因为熟稔古典诗歌之弊病，而是因为他深感“日本之变法，赖俚歌与小说之力。盖以悦童子，以导愚氓，未有善于是者也”③。表面看来，梁启超对“诗运”盛衰与“革命之机”之间联系的强调，似乎只是传统诗学“经世致用”观念的延续；实际上，梁启超的诗学主张，远较传统诗学的眼光宏阔而深远。其所论者，已经不是传统儒学关心的仁义道德与礼乐制度，而是借以介绍西方思想，推行西方的政治制度，如他所

① 梁启超：《夏威夷游记》，转引自《饮冰室主人自说》，程华平编选，江苏人民出版社1999年版，第66—67页。

② 梁启超：《夏威夷游记》，转引自《饮冰室主人自说》，程华平编选，江苏人民出版社1999年版，第66页。

③ 梁启超：《蒙学报演义报合叙》，转引自《饮冰室主人自说》，程华平编选，江苏人民出版社1999年版，第37页。

说，“吾虽不能诗，惟将竭力输入欧洲之精神思想，以供来者之诗料，可乎？”[①]由此可见，梁启超倡导“诗界革命”，从观念革新方面看，“西化”的色彩极为明显，文艺观念“转型”的目的也极为明显。当然，这一方面的转型，审美意味并不明显。

关于文艺审美方面的要求，梁启超主张“两新一旧”，即以新意境、新语句体现旧风格。“新意境”“新语句”指的是源自欧洲的思想和词汇，“欧洲之意境语句，甚繁富而玮异，得之可以陵轹千古，涵盖一切”；但这些“新意境”与“新语句”，又须“以古人之风格入之”，使之成其为“诗”，“不然，如移木星金星之动物以实美洲，瑰伟则瑰伟矣，其如不类何”[②]。由此可见，梁启超所谓“诗界革命”，只是强调了内容的西化，而未能兼顾形式的变革。《饮冰室诗话》直言“然革命者，当革其精神，非革其形式。吾党近好言诗界革命，虽然，若以堆积满纸新名词为革命，是又满洲政府变法维新之类也。能以旧风格含新意境，斯可以举革命之实矣”[③]，诗界革命之改良实质，由此可见。只是“这样一来，‘诗界革命’就成为‘诗界’的‘革命’，而不是‘诗’的‘革命’”[④]。实际上，对于诗歌创作而言，如不能“革其形式”，也难以真正“革其精神”，因而所谓“诗界革命”是不可能彻底的。由此，从文艺审美方面看，梁启超倡导的“诗界革命”实际上并没有多少创新，而是更多地沿袭了传统的审美风格。

1902年，梁启超在《新小说》第一号上，发表《论小说与群治之

① 梁启超：《夏威夷游记》，转引自《饮冰室主人自说》，程华平编选，江苏人民出版社1999年版，第66页。

② 梁启超：《夏威夷游记》，转引自《饮冰室主人自说》，程华平编选，江苏人民出版社1999年版，第67页。

③ 梁启超：《饮冰室诗话》，转引自王运熙主编《中国文论选》近代卷（下），江苏文艺出版社1996年版，第291页。

④ 杜书瀛、钱竞主编：《中国20世纪文艺学学术史》第二部上卷辛小征、靳大成，上海文艺出版社2001年版，第63页。

关系》《〈新中国未来记〉绪言》《〈新小说〉第一号》等文章，提出“小说界革命”的口号。较之“诗界革命”的温和态度与矛盾主张，“小说界革命”直面世界潮流，表现出更强烈的反叛精神。他在缺少学术性支撑的局限下，凭着模糊的感性经验，明确了小说改革的范围、目标以及启蒙的政治性诉求。在《论小说与群治之关系》一文中，他直接诉诸于广大国民，令人惊诧地鼓吹小说介入改革过程的社会政治作用。“欲新一国之民，不可不先新一国之小说。故欲新道德，必新小说；欲新宗教，必新小说；欲新政治，必新小说；欲新风俗，必新小说；欲新学艺，必新小说；乃至欲新人心，欲新人格，必新小说。何以故？小说有不可思议之力支配人道故”。[①]他一上来，就将“新”小说看成是“新民”的前提，从政治的高度肯定了小说与群治、小说对改造国民、改造社会的重要作用，与篇末“故今日欲改良群治，必自小说界革命始；欲新民，必自新小说始”[②]的结论遥相呼应，振聋发聩，一时反响热烈。自此，小说从不登大雅之堂的边缘体裁，一跃而为现代文学艺术最主要、最重要的文学主阵地。

显然，从社会效果来看，“小说界革命”要比“诗界革命”成功得多。但实际上，梁启超借小说实现革命目的的原则与“诗界革命”时期如出一辙，尤其是对文学艺术的审美属性仍然没有多少关注，文艺的社会功能仍是统摄、笼盖一切的价值尺度。他虽然对理想派小说与写实派小说做了分类，揭示了小说“熏、浸、刺、提”等四种艺术感染力，涉及了小说许多有价值的审美话题，但皆未及深入展开。他之所以认为小说“为文学之最上乘”，肯定小说具有巨大的“移人”力量，是因为小说“常导人游于他境界，而变换其常触常受之空气者

① 梁启超：《论小说与群治之关系》，转引自王运熙主编《中国文论选》近代卷（下），江苏文艺出版社1996年版，第291页。

② 梁启超：《论小说与群治之关系》，转引自王运熙主编《中国文论选》近代卷（下），江苏文艺出版社1996年版，第295页。

也”[①]，能将人人心中所有口中所无、习焉不察行之不知的东西淋漓尽致地表达出来。小说的审美属性已然呼之欲出，然而他关注的焦点是小说这种艺术所带来的实际群治效果，小说独立的审美品质仍然隐而不彰。

历史地看，虽然梁启超在诗歌、小说的审美性上没有太多直接的贡献，但他对文艺审美观念现代转型的作用仍然不可小觑。他不但打破了古代文艺“诗教”“道统”铁桶般的樊篱，为现代性新型文艺观念的降临洞开了辽廓而敞亮的天空，而且他还把文学艺术与政治、启蒙与社会、人民紧密地联系在一起，牢牢地扎根于现实这深沉而肥沃的土地，为现代文学社会功能的发挥与文艺审美性的生长指明了方向，“对现代政治—文学体系的确立，又具有非常重要的引导意义。”[②]

（三）黄遵宪与其他人的文艺变革主张

清末主张诗歌转型不为审美唯求实用的，当然并非梁任公一人。与他同一时代的维新派人士如康有为、黄遵宪、谭嗣同等人，大都持有类似观点，其中尤以黄遵宪“别创诗界”之论影响较大。较之梁任公，黄遵宪在诗歌创新方面的主要影响不是他的诗歌理论，而是其诗歌创作。早在1868年，黄遵宪创作了《杂感》组诗，被胡适认为“很可以算是诗界革命的一种宣言”[③]。也代表了维新派在诗歌形式方面并不多见的创新。梁启超在《饮冰室诗话》中亦曾盛赞黄遵宪的诗歌创作：“要之，公度之诗，独辟境界，卓然自立于二十世纪诗界中，群推为大家，公论不容诬也。”[④]然公度论诗，观点与任公大致相同，

---

① 梁启超：《论小说与群治之关系》，转引自王运熙主编《中国文论选》近代卷（下），江苏文艺出版社1996年版，第291页。

② 许道明：《中国现代文学批评史新编》，复旦大学出版社2002年版，第10页。

③ 胡适：《五十年来中国之文学》，《胡适文存》（贰），华文出版社2013年版，第183页。

④ 梁启超：《饮冰室诗话》，人民文学出版社1959年版，第24页。

尤为强调诗歌的现实功用。他曾在《与丘菽园书》中说："诗虽小道，然欧洲诗人出其鼓吹文明之笔，竟有左右世界之力。"[①]当然，黄遵宪所推重的诗歌现实功用，并非传统"诗教"所强调的经世致用主张，而是源自欧洲文明的兴国强国之道，这一点与梁启超所论大致也是一样的。

由此可见，19世纪20世纪之交，领一时风气之先的梁任公、黄公度等人的确开创了传统文艺观念现代转型之先河。但他们所推动的，主要不是文艺审美观念与形式方面的转型，而主要是文艺的社会功用之变化。如果说他们在文艺观念转型方面的主要功绩在于"破旧"，"立新"之功则有待他人了。

二、文艺审美观念的"立新"主张

旧的文学格局打破了，宣言式的呼号与政治、实用的价值导向，不足以填补新式文学艺术巨大的观念空白，否则，诗不是诗，文学也不是文学了。报纸、刊物的激增，新闻、杂文、政论等实用文体的流行，也未能取代人们对包括小说在内的文学艺术日益增长的喜爱与期待。这些被重新认识了的文学样式及其绽放出的空前魅力，又不是旧的文艺观念体系里固有的，因而引进或借鉴西方理论，酝酿、构建适应文学发展的新型文艺观念及其范式，就势在必行了。

就产生广泛社会影响的理论形态而言，文艺观念转型的首造之功，要归于梁启超发起的"诗界革命"与"小说界革命"；而真正引导这场转型，尤其是文艺审美观念的转型，具有开创性标志的则是王国维。

关于王国维在文艺理论和文艺批评方面的成就，现在的学术界大都有较为正面且很高的评价。然而，回顾一下20世纪以来的文艺理论

① 黄遵宪：《与丘菽园书》，《中国文论选》近代卷（上），江苏文艺出版社1996年版，434页。

史，我们发现在王国维发表《〈红楼梦〉评论》（1904年）、《人间词话》（1908年）、《宋元戏曲史》（1912年）等一系列重要文艺理论著作的年代，以及“文学革命论”大行其道的岁月里，王国维的文艺理论和文艺评论似乎并没有受到太多的重视。1932年周作人写作《中国新文学的源流》，第五讲论及“文学革命运动”，从梁任公讲到陈独秀，始终没有提及王国维和他的创作与研究。究其原因，王国维的诗词创作，均为古体诗词；而他所评论的文学作品，也均为古典作品；虽然他的文艺观念、研究方法融入了大量西方的理论，但却很难引起同时代追求“文学革命”人群的注意。

不仅如此，20世纪末著名学者温儒敏先生写作《中国现代文学批评史》论及王国维的文学批评，他也注意到20世纪以来学术界关于王国维文艺批评之现代性认知的不足：

> 王国维1904年发表了《〈红楼梦〉评论》，破天荒借用西方批评理论和方法来评价一部中国古典文学杰作，这其实就是现代批评的开篇。没有谁否认它所体现的批评眼光和方法已经开始突破传统批评的框架，但又都不轻易把它作为现代批评史的发端。为什么呢？大概由于人们的印象中，王国维是比较稳健的，尽管评论《红楼梦》时显得一度“西化”，但其后又似乎回归传统，潜心于传统诗学研究和文史考证，他的重要论著《人间词话》就采用了比较接近传统批评的形式。王国维的批评的确存在新旧混杂的斑驳色彩，使得习惯于鲜明划分历史阶段的文学史家举棋不定，或者干脆就把王国维打发到古典批评的疆域中去，顶多在正式评书现代批评的发生之前，将他作为预言者挂上一笔。①

① 温儒敏：《中国现代文学批评史》，北京大学出版社1993年版，第1页。

然而，随着时间推移，王国维的文学理论和文学批评在中国文艺观念现代转型史上的重要意义，终于越来越清晰地呈现出来，并得到了相对公允的评价。

关于王国维文艺审美思想的基本特征，张少康先生《中国文学理论批评史教程（修订本）》的意见，大致体现了当前学术界的基本观点：

> 王国维的文艺美学思想的基本特征是中西结合，是中国传统的古典文艺美学和西方当时流行的文艺美学思想相结合的产物。[①]

笔者以为，张少康先生的这一表述是非常准确的。如果我们仔细分析一下王国维的代表作品，我们还会发现王国维的文艺思想和批评实践有一个由浅入深，由生疏到熟练的过程，刚好以个案的形式，显示出中国文艺理论和文艺批评的现代转型过程。

温儒敏先生认为，“王国维宣告了古典批评时代的终结，同时也就把现代批评时代的序幕徐徐拉开了”[②]，王国维的文艺理论和文艺批评，尤其是其关于文艺审美观念的理解，一方面对传统有所继承也有所抛弃，对西方文艺理论也有清醒的认识与取舍，转型时期的特征极为明显。

王国维的文艺理论研究与中国现代文论转型初期其他学者的研究最大的不同在于，他的研究既有精深的理论阐述，更有卓越的诗词创作和批评实践，由此确立起他在现代文艺理论转型史上的突出地位。从代表作角度看，笔者以为，《〈红楼梦〉评论》（1904年）、《人间词话》（1908年）、《宋元戏曲史》（1912年）三部著作，恰好可以勾勒出王国维文艺研究的完整历程：从早期《〈红楼梦〉评论》对叔本华哲学

① 张少康：《中国文学理论批评史教程（修订本）》，北京大学出版社2011版，第340页。

② 温儒敏：《中国现代文学批评史》，北京大学出版社1993年版，第2页。

思想略显生硬的横向移植，到中期《人间词话》自如运用西方哲学美学思想改造传统“意境”理论的水乳交融，再到后期作为其文史研究收官之作的《宋元戏曲史》对中西文艺理论与研究方法如盐入水般的化用，王国维在短短十年左右时间中就完成了文艺观念与文艺研究方法的现代转型，不仅令人称奇且可谓居功甚伟。当然，就文艺审美观念的现代转型而言，王国维的学术研究主要体现在前两个阶段；《宋元戏曲史》更多体现的是王国维对西方学术研究方法的汲取和转化。

在本章中，我们所关注的并非王国维的诗学研究历程，而是他的诗学研究对中西文艺理论的继承、批判与发展。因而，相关论述并不以上述代表作为核心，而是从对其相关研究成果的综合分析入手，展开我们的论述。

（一）王国维对传统文艺审美观念的批判与继承

与梁启超等维新派人士的文艺转型观念不同，王国维质疑的不是文学艺术应该表现什么样的道德政治等社会观念，而是他从根本上就反对以文学艺术作为政治道德之手段。换言之，王国维强调的是文学艺术应该有其独立的价值，而不应该如传统文艺观那样，仅仅将文学艺术视为实现道德政治目的之工具。

1. 王国维对传统文艺审美观念的批判

1905年，王国维作《论哲学家与美术家之天职》一文，文章首先阐明了其所服膺的基本文艺观念，并以此为基础对传统文艺观念进行了批判。按照王国维的逻辑，首先，“夫哲学与美术之所志者，真理也。真理者，天下万世之真理，而非一时之真理也”。在他看来，哲学家与美术家（即艺术家）所关心的都是万世不易之真理，其区别在于哲学家是“发明此真理”，而艺术家则“以记号表之者”。其次，“真理”体现为什么呢？是“纯粹之知识与微妙之感情”；其作用则在于使“人类之知识感情由此而得其满足慰藉”。因此，“若夫忘哲学、美术之神圣，而以为道德、政治之手段者，正使其著作无价值也”。出于对文学艺术之独立价值的肯定，他特别反对“诗之外尚有事在”的说法，认为这是造成我国“美术之无独立之价值也久矣”的原因。王国维认为，中国历来文学艺术之能传世者，追求的并不是独立的价值即真理，而是以之为道德、政治之手段；而那些真正有价值的作品，则大都没有能够流传下来。如他所说：“此无怪历代诗人，多托于忠君爱国劝善惩恶之意，以自解免，而纯粹美术上之著述，往往受世之迫害而无人为之昭雪者也。此亦我国哲学美术不发达之一原因也。”[①]对于这些不纯粹的文学艺术，王国维称之为“餔餟的文学”，而创作这些不纯粹作品的人，则是“职业的文学家”，而不是王国维所推重的“专门之文学家”。[②]

2. 王国维“境界说”对中国传统文艺审美观念的继承与发展

以上可以视为王国维对传统文艺观的批判。虽然20世纪之初的王国维对传统文艺观念批判多于肯定，但依然还是有所继承的。其中最主要的就是他对传统“意境”理论的继承和发展。

王国维的文艺思想中，主要体现在《人间词话》中的“境界说”是为数不多的产生了重要影响的内容。而正如许多论者所指出的，“境界说”并非王国维首创，他是在历代学者关于“意境”的相关论述的基础上，糅合了他所了解的部分西方文艺思想发展出来的。客观地讲，王国维的“境界说”对于传统的文艺观念，自然是有所继承，也有所批判的。

“境界”是王国维《人间词话》的核心概念，是他品评历代词作的最高标准。《人间词话》的版本较为复杂，这里以他1908—1909年最

① 王国维：《论哲学家与美术家之天职》，《王国维文集》第三卷，姚淦铭、王燕编，中国文史出版社1997年版，第6—8页。

② 王国维：《文学小言》，《王国维文集》第一卷，姚淦铭、王燕编，中国文史出版社1997年版，第24—29页。

初刊于《国粹学报》的六十四则手定稿为准。六十四则词话，“约略可分两个部分：前九则为标举‘境界说’的理论纲领；后面部分则是以‘境界’说为基准的具体批评”。[①]

《人间词话》定稿第一则开宗明义：“词以境界为最上。有境界，则自成高格，自有名句。五代、北宋之词所以独绝者在此。”[②]然而对于什么是“境界”，王国维并没有给出一个清晰的定义。在做出了诸如“造境”、“写境”，“有我之境”、“无我之境”，等不同境界的区分后，王国维又说：

严沧浪《诗话》谓：“盛唐诸公，唯在兴趣。羚羊挂角，无迹可求。故其妙处，透彻玲珑，不可凑泊。如空中之音、相中之色、水中之影、镜中之象，言有尽而意无穷。”余谓北宋以前之词，亦复如是。然沧浪所谓兴趣，阮亭所谓神韵，犹不过道其面目，不若鄙人拈出“境界”二字，为探其本也。[③]

这里虽然看起来是在与历史上的类似观点做对比，实际上，我们也可以理解为是王国维在构造“境界”概念时，对前人之说的借鉴，其“境界”观正是在严羽“兴趣说”、王士祯“神韵说”的基础上发展起来的。事实上，王国维关于“境界”含义的阐述，并不局限于《人间词话》；他所汲取或者借鉴的前任理论成果，也不局限于上述“兴趣说”、“神韵说”两家。1907年，王国维在他所主编的《教育世界》杂志“丁未十月上旬第19期，总第161号”发表《人间词乙稿》四十三阙，并有托名樊志厚序一篇，一般认为此序与前一年发表的《人间词

① 王国维：《人间词话》，黄霖等导读，陈杏珍、刘烜重订，上海古籍出版社1998年版，第18页。

② 王国维：《人间词话》，黄霖等导读，陈杏珍、刘烜重订，上海古籍出版社1998年版，第1页。

③ 王国维：《人间词话》，黄霖等导读，陈杏珍、刘烜重订，上海古籍出版社1998年版，第3页。

甲稿》之序，均为王国维先生自作。在《人间词乙稿序》中，王国维集中阐述了他关于“意境”的理论，与后一年发表的《人间词话》互相阐发，共同构成了王国维以“境界”为核心的文艺审美观念。关于“意境”，王国维在《人间词乙稿序》中说：

> 文学之事，其内足以摅己，而外足以感人者，意与境二者而已。上焉者意与境浑，其次或以境胜，或以意胜。苟缺其一，不足以言文学。原夫文学之所以有意境者，以其能观也。出于观我者，意余于境；而出于观物者，境多于意。然非物无以见我，而观我之时，又自有我在。故二者常互相错综，能有所偏重，而不能有所偏废也。文学之工不工，亦视其意境之有无，与其深浅而已。[①]

关于王国维“境界说”对前人之说的继承和发展，温儒敏先生有非常详细而准确的说明：“‘意境’或‘境界’的概念都并非王国维的首创。自宋以后，特别是清代诗家，对这两个词的使用颇多，甚至也已经注意到‘意’与‘境’的对立统一关系。”[②]关于这段话，温儒敏还加了一段注释：“传统文论中使用‘意境’或者‘境界’二词的很多。如唐代《文镜秘府论》就提出过‘意与境相兼始好’；托名王昌龄的《诗格》提出写诗三境，即‘物境’、‘情境’和‘意境’。金圣叹评《西厢记》中多处用‘境界’一词。朱承爵《存余堂诗话》说‘作诗之妙，全在意境融澈’。况周颐《蕙风诗话》中也多处使用‘意境’一词，并主张写‘情景真’的‘境界’。梁启超的《饮冰室诗话》也曾用‘独辟意境’称公度诗。”[③]

---

① 佛雏校辑：《新订〈人间词话〉广〈人间词话〉》，华东师范大学出版社1990年版，第77页。

② 温儒敏：《中国现代文学批评史》，北京大学出版社1993年版，第20—21页。

③ 温儒敏：《中国现代文学批评史》，北京大学出版社1993年版，第21页。

温儒敏先生所引，都是文论史上直接使用“意境”或“境界”的例证。实际上，“意境”或“境界”所涉及的传统文化内容还有很多，佛雏先生在《王国维诗学研究》一书第三章之第一节有更为详细的说明，兹不赘述。

显然，王国维关于“意境”与“境界”的阐释和运用，主要是在对我国传统文艺理论继承基础上的再创造。对此，刘烜《王国维评传》认为：“王国维《人间词话》的核心概念‘境界’，以及围绕它的一系列概念，是一种自觉地创造，是选择中国诗学中已有的概念来表述新的美学观念的创造性工作。换句话说，王国维在《人间词话》中不是用汉语的词翻译外国美学的概念，他是赋予中国美学以新的内涵。”[①]20世纪之初，在学术界举国推崇“新学”，怀疑乃至摒弃“旧学”的时代文化氛围中，王国维本人亦是引进西方哲学、美学、文学观念的代表人物，但他尚能自觉挖掘传统诗学之精华，并借助西方哲学美学发扬光大之，既是难能可贵的，也是我国文艺理论实现“现代化”转型的必由路径。

3. 王国维对传统文艺审美观念的继承与发展的其他表现

着眼于王国维文艺研究与传统文论之间的继承关系，我们还可以发现，传统文论对王国维诗学研究的影响，并不局限于“境界说”，还有更为丰富而重要的内容。以下我们主要从王国维的家国情怀、社会担当，以及他对“古雅”范畴的理解为例，就王国维对传统文艺审美观念的继承与发展加以论述。

首先，根据一般的看法，20世纪之初王国维的文艺观念受到康德、叔本华等西方哲学家影响，强调文学艺术相对于政治道德观念的独立价值；这是不错的，但这并不等于说，王国维的学术研究缺乏家国情怀与社会担当，恰恰相反，作为一位国学渊源极为深厚而又对西

---

① 刘烜：《王国维评传》，百花洲文艺出版社2015年版，第104页。

方学术较为了解的现代学人，王国维的学术研究始终坚持个体“解脱”与人类解放的统一，他所反对的只是为统治者服务的狭隘的政治道德主张。用他自己的话说，就是他认为哲学与美术（文学艺术）追求的是“天下万世之真理”，而不是“一时之真理”[①]。1906年，王国维作《屈子文学之精神》，论及诗（实即文学，兼指所有艺术）之价值，认为“诗之为道，既以描写人生为事，而人生者，非孤立之生活，而在家族、国家及社会中之生活也”[②]。1907年，王国维作《人间嗜好之研究》，论及伟大诗人（实即艺术家）之使命，认为：“若夫真正之大诗人，则又以人类之感情为其一己之感情。彼其势力充实，不可以已，遂不以发表自己之感情为满足，更进而欲发表人类全体之感情，彼之著作实为人类全体之喉舌，而读者于此得闻其悲欢啼哭之声，遂觉自己之势力亦为之发扬而不能自已。故自文学言之，创作与欣赏之两方面亦皆以此势力之欲为之根柢也。”不只是文学，所有艺术形式，甚至哲学、科学都是如此。王国维接着说，“文学既然，他美术独何不然？岂独美术而已，哲学与科学亦然。”[③]由此可见，王国维虽然接受了叔本华的艺术观，强调艺术在“描写人生之苦痛与其解决之道”，是为“忧生”；但他也明确主张艺术家应该将个人情感与人类情感打通，体现出强烈的以天下为己任的社会担当意识，是为“忧世”，这实际上也正是他所谓“忧生”与“忧世”意识的结合。这种强烈的家国情怀与社会担当意识，明显带有传统儒家“天下兴亡，匹夫有责”的印记，也激荡着“为天地立心，为生民立命，为往圣继绝学，为万世开太平”的强烈社会责任感。

① 王国维：《论哲学家与美术家之天职》，《王国维文集》第三卷，姚淦铭、王燕编，中国文史出版社1997年版，第6页。

② 王国维：《屈子文学之精神》，《王国维文集》第一卷，姚淦铭、王燕编，中国文史出版社1997年版，第31页。

③ 王国维：《人间嗜好之研究》，《王国维文集》第三卷，姚淦铭、王燕编，中国文史出版社1997年版，第30页。

1908年，王国维在《人间词话》中这样评价他所钟爱的李后主："尼采谓：'一切文学，余爱以血书者也。'后主之词真可谓以血书者也。宋道君皇帝《燕山亭》词亦略似之。然道君不过自道身世之戚，后主则俨然有释迦、基督担荷人类罪恶之意。其大小固不同矣。[①]"在王国维看来，文艺作品之境界自然有大小之分的，小者关乎个体生命体验，大者涉及家国天下，虽然他并不主张"以是而分优劣"[②]。

1907年，王国维作《古雅之在美学上之位置》，借用康德美学思想，研究传统艺术风格之价值，明显运用了陈寅恪所概括的、为王国维开创的"取外来之观念与固有之材料，互相参证"[③]的方法，实际上体现着王国维对传统艺术观念和艺术风格的继承和发展。王国维"古雅说"立论根基，显然是康德美的"无功利性"与"美在形式"等观念，王国维概括为"美之性质，一言以蔽之曰：可爱玩而不可利用者是已"；"一切之美，皆形式之美也"；"而美学上之区别美也，大率分为两种：曰优美，曰宏壮"。于是，古雅作为一种美，既要符合美的一般属性，即"无功利性"与"美在形式"，又要区别于"优美"和"宏壮"。那么，古雅究竟是怎样一种美呢？王国维的回答是，古雅作为一种美，属于"形式之美之形式之美"，亦即他所说的"第二种形式"；如果说"优美"和"宏壮"主要存在于自然之中，属于第一形式；那么古雅就是只存在于艺术之中的，属于第二形式。他举例说，"三代之钟鼎，秦汉之摹印，汉、魏、六朝、唐、宋之碑帖，宋、元之书籍等，其美之大部实存于第二形式"，这是实物之美；"凡吾人所加于雕刻书画之品评，曰'神'、曰'韵'、曰'气'、曰'味'，皆就第二形式

① 王国维：《人间词话》定稿十八，引自《王国维文集》第一卷，姚淦铭、王燕编，中国文史出版社1997年版，第145页。

② 王国维：《人间词话》定稿第八，引自《王国维文集》第一卷，姚淦铭、王燕编，中国文史出版社1997年版，第143页。

③ 陈寅恪：《海宁王静安先生遗书·序》，转引自《王国维年谱长编》，袁英光、刘寅生编，天津人民出版社1996年版，第530页。

言之者多，而就第一形式言之者少。文学亦然，古雅之价值大抵存于第二形式”[①]，这里所说的，就是传世艺术品之风格，类似于美学范畴之类。显然，王国维提出“古雅”概念，其目的就在于给传统文艺作品一种合适的审美范畴，使之能够顺利进入现代美学体系之中。

（二）王国维对西方文艺审美观念的接受与批判

王国维在《三十自序》中写道：“未几而有甲午之役，始知世尚有所谓学者。家贫不能以资供游学，居恒怏怏，亦不能专力于是矣。”[②]甲午海战虽使王国维开始关注“新学”，但限于家庭条件，直到1898年王国维离开海宁进入上海《时务报》馆任书记，这才真正开始接触到“新学”。王国维的学术研究之路，也由此开启。

王国维研究哲学、美学的时间并不长，大约始于1901年他自日本回国后，“始决从事于哲学”[③]，终于1908年1月《孔子之学说》在《教育世界》上连载完。从王氏这一时期的著述中，我们可以发现这可以说是他哲学美学研究与文学创作双丰收的一段时期：一方面有大量哲学美学论文发表；一方面有《静庵诗稿》，《人间词》甲、乙稿等的结集面世。

19世纪与20世纪之交的中国文化界，弃旧学向新学已经成为一种越来越浓厚的时代氛围。可以肯定的是，在当时的时代背景下，王国维之去“旧学”向“新学”，显然与维新变法活动有关，这也跟他源自传统教育的“忧世”观念有关；此外，王国维在提到自己从事哲学研究的原因时，“体素羸弱，性复忧郁，人生之问题，日往复于吾前。自

① 王国维：《古雅之在美学上之位置》，《王国维文集》第三卷，姚淦铭、王燕编，中国文史出版社1997年版，第31—35页。

② 王国维：《（三十）自序》（一），《王国维文集》第三卷，姚淦铭、王燕编，中国文史出版社1997年版，第470页。

③ 王国维：《（三十）自序》（一），《王国维文集》第三卷，姚淦铭、王燕编，中国文史出版社1997年版，第471页。

是始决从事于哲学”[①]。“忧生”观念的影响，由此可见。

正是“忧生”与“忧世”两种观念的同时并存，对王国维一生的学术研究带来了重大的影响；而这一点，也成为我们理解王国维文艺美学思想转变，尤其是理解他如何对待西方哲学美学思想的关键。

1. 王国维对西方文艺审美观念的选择、翻译与接受

如前所说，王国维关于哲学美学问题的研究，集中在二十世纪的第一个十年之中。在这一段时间内，王国维一边大量翻译西方哲学美学著作、撰写研究文章，另一边也不间断地进行旧体诗词创作，同时完成了一些文学评论文章。基于他这段时间的研究内容和治学取向，我们把他这段时间的研究称之为“文哲之学”。他的文艺审美观念，就是在这种翻译和研究过程中显现出来的。

事实上，王国维在准备翻译与研究之前，还有一个选择的过程。首先是选择什么学科，其次是选择谁的作品，然后是选择哪些观点。笔者曾在一本名为《故园之恋——王国维学术转向之过程及原因考辨》的小书中，详细梳理过王国维学术选择的过程，并分析其原因，兹就王国维“文哲之学”阶段的学术选择简述如下：1898年，王国维来到上海，任《时务报》馆书记；1901年，得罗振玉资助留日学习“数理之学”；1901年回国，转治“文哲之学”；1908年之后，逐渐转入“文史之学”。如前所说，王国维自幼形成了“忧生”与“忧世”并重的精神特征，“忧生”缘于生活经历，“忧世”缘于所受教育。[②]始修“数理之学”，当是“忧世”倾向使然；转治“文哲之学”，则是“忧生”倾向发挥作用；而后再一次转入“文史之学”，当是“忧世”观念再度抬头所致。由此可见，“忧生”与“忧世”观念对王国维学术研究

① 王国维：《（三十）自序》（一），《王国维文集》第三卷，姚淦铭、王燕编，中国文史出版社1997年版，第471页。

② 高迎刚：《故园之恋——王国维学术转向之过程及原因考辨》，山东文艺出版社2019年版。

的影响是很大的。可以确定的是，王国维开始选择哲学美学，以及随后的研究过程中，影响最大的心态是他的“忧生”观念，这决定了他为什么选择哲学，又为什么选择从叔本华入手。更重要的，是他所接受的一整套美学与艺术观念。

关于“美”：

《古雅之在美学上之位置》：“美之性质，一言以蔽之曰：可爱玩而不可利用者是已”；“一切之美，皆形式之美也”；“而美学上之区别美也，大率分为两种：曰优美，曰宏壮”①。

关于“艺术”：

《〈红楼梦〉评论》：“美术（艺术）之务，在描写人生之苦难与其解脱之道，而使吾侪冯生之徒，于此桎梏之世界中，离此生活之欲之争斗，而得其暂时之平和，此一切美术之目的也”；“美术之为物，欲者不观，观者不欲；而艺术之美所以优于自然之美者，全在于使人易忘物我之关系也”②。

凡此种种观念，均源自西方哲学，尤其是康德和叔本华的理论。

2. 王国维对西方文艺审美观念的批判、改造与发展

王国维在接触西方哲学美学思想之前，原本就有较为强烈的“忧生”与“忧世”意识。他接受以康德、叔本华思想为代表的西方哲学美学思想，进而形成自己的文艺美学观念的过程中，其直接动机则主要是“忧生”；而导致他对西方哲学美学思想产生怀疑，进而折回中国传统文艺理论，寻求以中西融合的方式改造西方文艺理论、发展中国传统文艺观念的过程中，发挥主要作用的则是“忧世”意识。

如前所说，王国维之研究哲学美学以及文艺理论，主要目的是

① 王国维：《古雅之在美学上之位置》，《王国维文集》第三卷，姚淦铭、王燕编，中国文史出版社1997年版，第31—35页。

② 王国维：《〈红楼梦〉评论》，《王国维文集》第一卷，姚淦铭、王燕编，中国文史出版社1997年版。

解决“忧生”问题，但其“忧世”观念也是始终存在着的，因而，他所要探索的，就不仅仅是自己的人生痛苦的出路，更是民族痛苦的出路，所以他在叔本华之书中读出了矛盾：

> 夫由叔本华之哲学说，则一切人类及万物之根本，一也。故充叔氏拒绝意志之说，非一切人类及万物，各拒绝其生活之意志，则一人之意志，亦不得拒绝。何则？生活之意志之存于我者，不过其一最小部分，而其大部分之存于一切人类及万物者，皆与我之意志同。而此物我之差别，反由于吾人知力之形式。故离此知力之形式，而反其根本而观之，则一切人类及万物之意志，皆我之意志也。然则拒绝吾一人之意志，而姝姝自悦曰解脱，是何异蹄涔之水，而注之沟壑，而曰天下皆得平土而居之者哉！佛之言曰：“若不尽度众生，誓不成佛。”其言犹若有能之而不欲之意。然自吾人观之，此岂徒能之而不欲之哉！将毋欲之而不能也。故如叔本华之言一人之解脱，而未言世界之解脱，实与其意志同一之说，不能两立者也。[①]

在这些语句中，我们可以看出，尽管王国维在《〈红楼梦〉评论》中几近以叔本华的语调对《红楼梦》进行评论，但他对于叔本华也绝非完全相信，甚至产生怀疑。他在《三十自序》中写道：“哲学上之说，大都可爱者不可信，可信者不可爱。余知真理，而余又爱其谬误。”[②]这已然表明了王国维对叔本华的怀疑。叔本华的学说作为“可爱者”却并不可信，虽然王国维对叔本华的学说极为喜爱，但也深知

---

① 王国维：《〈红楼梦〉评论》，《王国维文集》第一卷，姚淦铭、王燕编，中国文史出版社1997年版，第5页。

② 王国维：《（三十）自序》（二），《王国维文集》第三卷，姚淦铭、王燕编，中国文史出版社1997年版，第473页。

叔本华学说中存在着诸多谬误。也就在1905年，王国维的《〈红楼梦〉评论》发表后一年，王国维在《静安文集》自序中便写道：

其所尤惬心者，则在叔本华之《知识论》，汗德之说得因之以上窥。然于其人生哲学观，其观察之精锐，与议论之犀利，亦未尝不心怡神释也。后渐觉其有矛盾之处，去夏所作《〈红楼梦〉评论》，其立论虽全在叔氏之立脚地，然于第四章内已提出绝大之疑问。旋悟叔氏之说，半出于其主观的气质，而无关于客观的知识。①

可见王国维在1904年《〈红楼梦〉评论》写作之时便已经发现了叔本华哲学思想的问题与矛盾，虽然其因为“半出于主观的气质”而“可爱”，但是终因为“无关于客观的知识”而“不可信”。虽然叔本华悲观的气质与王国维相投，但是王国维的秉性不惟“感性”，更有严谨的“理性”，所谓“知情兼胜”。故而，王国维虽然在感性上对叔本华的学说抱有好感，认其为“可爱”，但当王国维以理性思考时，便发现了叔本华的问题所在。

但是为什么王国维对叔本华学说的态度发生了如此巨大的转变呢？我们还必须从王国维的思想根基上去寻找问题的答案。王国维早年的对旧学的学习经历，让他在心中已经根深蒂固地存在有中国传统文化的道德观念。在儒家思想之中，个人问题必须与社会问题结合起来，否则，个人的问题便失去了价值。正如《大学》中所说的：

古之欲明明德于天下者，先治其国。欲治其国者，先齐其家。欲齐其家者，先修其身。欲修其身者，先正其心。欲正其心者，先诚其意。欲诚其意者，先致其知。致知在格

① 王国维：《静庵文集自序》，《王国维文集》第三卷，姚淦铭、王燕编，中国文史出版社1997年版，第69页。

物。物格而后知至，知至而后意诚，意诚而后心正，心正而后身修，身修而后家齐，家齐而后国治，国治而后天下平。自天子以至于庶人，壹是皆以修身为本。[①]

这样的儒家经典在王国维这里应当是能够倒背如流的，这样的思想也根深蒂固地存在于王国维的精神世界。在王国维看来，解决个人问题并非目的，“修身”的最终目的在于“天下平”，即解决民族苦难问题。在王国维这里，他虽然也要解决自己内心深处的痛苦问题，但是他同时也认为，一己之痛苦在民族的痛苦面前是渺小的，民族和人类的痛苦才是更为重要的问题。正如王国维所说：“生活之意志之存于我者，不过其一最小部分，而其大部分之存于一切人类及万物者，皆与我之意志同。”[②]在王国维的人生理想之中，“存于我”的“生活意志”是“一最小部分”，甚至是微不足道的了。然而，在叔本华这里，王国维无法找到对人类问题的最终的解决方案，在王国维看来，叔本华所希望解决的仅仅是个人的问题，而他人与社会的问题在叔本华这里显得并不重要。甚至，叔本华自己便是一个行为乖张的人，他在心理上有非常强烈的优越感，轻视一般的俗人，自己十分自负，形成了极度孤僻的性格：孤僻、乖张，又存在有一定的心理问题，被幻想和恐惧所困扰。对叔本华而言，他虽然认为一切人类及万物之根本都是具有同一性的，但却又以极度自负和个人化的方式鄙视一切俗人。这让叔本华的学说成为解决一己之问题的哲学，而不能够成为探索民族和人类痛苦出路的方案。王国维说：“故如叔本华之言一人之解脱，而未言世界之解脱，实与其意志同一之说，不能两立者也。”[③]

---

①《大学章句》，引自〔宋〕朱熹：《四书章句集注》，齐鲁书社1992年版，第1—2页。

② 王国维：《〈红楼梦〉评论》，《王国维文集》第一卷，姚淦铭、王燕编，中国文史出版社1997年版，第16页。

③ 王国维：《〈红楼梦〉评论》，《王国维文集》第一卷，姚淦铭、王燕编，中国文史出版社1997年版，第17页。

在王国维看来，叔氏之说之所以会有这样的矛盾，在于“彼之说‘博爱’也，非爱世界也，爱其自己之世界而已。其说‘灭绝’也，非真欲灭绝也，不满足于今日之世界而已。由彼之说，岂独如释迦所云‘天上地下，惟我独尊而已哉’。必谓‘天上地下，惟我独存而后快’”[①]。这样的极度自负的心理与学说必然与接受了传统教育的王国维的思想产生矛盾，王国维虽然非常喜欢叔本华的学说，但这种极端个人主义的解决方案显然无法解决王国维的“忧世”问题，也便无法解决其“忧生”的问题了。

在王国维的这些论述中，他直斥叔本华为彻头彻尾的个人主义者。彻底的个人主义者与王国维“修齐治平”的社会理想，以及“己欲达而达人”的传统思想必然产生不可调和的矛盾，这也就无怪他会“又移转其求知之鹄于汗德之《纯理批判》，而试作再度之探求，不复徘徊于叔氏之门矣”了。[②]

于是，我们看到，1905年之后，王国维关于美学及文艺理论的相关论述中，就很少直接引用叔本华的观点了，而是渗入了更多家国天下问题的思考：

1906年，王国维作《屈子文学之精神》，论及诗（实即文学，兼指所有艺术）之价值，认为“诗之为道，既以描写人生为事，而人生者，非孤立之生活，而在家族、国家及社会中之生活也”[③]。

1907年，王国维作《人间嗜好之研究》，论及伟大诗人（实即艺术家）之使命，认为：“若夫真正之大诗人，则又以人类之感情为其一己之感情。彼其势力充实，不可以已，遂不以发表自己之感情为满

---

① 王国维：《叔本华与尼采》，《王国维文集》第三卷，姚淦铭、王燕编，中国文史出版社1997年版，第354页。

② 赵万里：《静安先生遗著选跋》，转引自《王国维学术研究论集》（一），吴泽主编，袁英光选编，华东师范大学出版社1983年9月版，第381页。

③ 王国维：《屈子文学之精神》，《王国维文集》第一卷，姚淦铭、王燕编，中国文史出版社1997年版，第31页。

足，更进而欲发表人类全体之感情，彼之著作实为人类全体之喉舌，而读者于此得闻其悲欢啼哭之声，遂觉自己之势力亦为之发扬而不能自已。故自文学言之，创作与欣赏之两方面亦皆以此势力之欲为之根柢也。”不只是文学，所有艺术形式，甚至哲学、科学都是如此。王国维接着说，“文学既然，他美术独何不然？岂独美术而已，哲学与科学亦然。”[①]由此可见，王国维虽然接受了叔本华的艺术观，强调艺术在“描写人生之苦痛与其解决之道”，是为“忧生”；但他也明确主张艺术家应该将个人情感与人类情感打通，体现出强烈的以天下为己任的社会担当意识，是为“忧世”，这实际上也正是他所谓“忧生”与“忧世”意识的结合。如前所说，这种强烈的家国情怀与社会担当意识，明显带有传统儒家“天下兴亡，匹夫有责”的印记，也激荡着“为天地立心，为生民立命，为往圣继绝学，为万世开太平”的强烈社会责任感。

第三节 “史学观点”与“美学观点”的对立与融合

这一阶段大致从1917年胡适之发表《文学改良刍议》开始，到1930年代中叶“左联”解散为止。本阶段的文艺界学人继承和发扬了前一阶段“破旧立新”的路径与方法，但他们的表现普遍更有胆识，

① 王国维：《人间嗜好之研究》，《王国维文集》第三卷，姚淦铭、王燕编，中国文史出版社1997年版，第30页。

主要体现在他们对待传统文艺观的态度更为决绝，引进西方文艺理论的话语更为自由，探讨的话题也更为宽广。十年左右的时间里，产生于现代西方的各种文艺思潮蜂拥而至，基于不同主义的论争也随之兴起且日趋尖锐；另一方面，随着各种现代思潮的本土化，文艺研究的新范型逐渐建立起来，美学研究的体系化雏形也开始出现。文艺研究领域的这些新的发展，一方面彰显了文艺观念现代转型带来的繁荣与活跃，另一方面也放大了第一阶段就已形成却没有得到解决的问题与局限。杜书瀛曾这样评价这一阶段文艺思想发展的特点："在这阶段，具有新思想、新观念的一批'五四'学者，操着从西方借鉴来的新式武器，乘着当时整个社会的思想、文化的变革热潮，在文论领域向旧的学术范型（从哲学基础，美学观念，价值取向，到思维方式、治学方法、命题、范畴、概念、术语等等）发起激烈攻击，必欲彻底铲除之而后快；而且铲除旧范型的过程也就是逐渐建立新范型的过程。"[①]的确，破旧与立新一向是联系在一起的，如果说前一阶段的主要功绩在于"破旧"，本阶段的主要任务就是"立新"。

一、文艺观念现代转型方向的确立

经过20世纪初以来的探索与发展，"五四"时期文艺观念的"破旧立新"已经是不需要争论的问题。也就是说，旧的文艺观念必须要破除已经是共识；问题在于新的发展方向如何确立。五四文学革命的发起人之一胡适先生1918年4月在《新青年》发表《建设的文学革命论》一文认为："现在的旧派文学实在不值得一驳。什么桐城派的古文哪，《文选》派的文学哪，江西派的诗哪，梦窗派的词哪，《聊斋志异》派的小说哪，——都没有破坏的价值。他们所以还能存在国中，正因

① 杜书瀛：《对中国文艺学学术史的百年回顾与反思》，《甘肃社会科学》2000年第2期。

为现在还没有一种真有价值、真有生气、真可算作文学的新文学起来代他们的位置。有了这种‘真文学’和‘活文学’，那些‘假文学’和‘死文学’，自然会消灭了。所以我望我们提倡文学革命的人，对于那些腐败文学，个个都该存一个‘彼可取而代也’的心理，个个都该从建设一方面用力，要在三五十年内替中国创造出一派新中国的活文学。”[①]作为“五四”文学革命的旗手之一，胡适的说法代表了当时大多数文化人的意见。基于同样的观点，百年之后，杜书瀛先生在一篇反思20世纪三四十年代文学理论发展问题的文章里认为：“在这阶段虽有各种不同的文艺观念、思维方法、价值取向的激烈论争，甚至是意识形态上‘你死我活’的对立；但是从学术史的角度来说，这大都不是现代文艺学的学术范型同旧的‘诗文评’的学术范型的论争和对立，而是现代文艺学范围之内的论争和对立。”[②]诚哉斯言！五四之后的文艺界，已然没有了传统文艺观念的容身之地，文以载道、温柔敦厚等所代表的传统“诗教”成了人人可以得而诛之的过街老鼠；取而代之的是学人们基于对西方文化的向往而产生的对于西方文艺理论的认同。陈独秀在五四文学革命的倡议书《文学革命论》中说：

> 今日庄严灿烂之欧洲，自何而来乎？曰，革命之赐也。欧语所谓革命者，为革故更新之义，与中土所谓朝代鼎革，绝不相类；故自文艺复兴以来，政治界有革命，宗教界亦有革命，伦理道德亦有革命，文学艺术，亦莫不有革命，莫不因革命而新兴而进化。[③]

---

① 胡适：《建设的文学革命论》，《中国文论选》现代卷（上），江苏文艺出版社1996年版，第34页。

② 杜书瀛：《二十世纪三四十年代：中国现代文学理论的成型期》，《江汉论坛》2015年第1期。

③ 陈独秀：《文学革命论》，王运熙主编《中国文论选》现代卷（上），江苏文艺出版社1996年版，第11页。

于是，我们看到，一方面是“五四”以来的革命斗士们，高举“民主”与“科学”的大旗，以彻底的决心、坚决的态度向着封建旧文学、旧观念展开激烈的攻击；另一方面，由于这一时期的学人多半都有海外求学的经历，对西方文化比较了解，这使得他们能够在抨击旧的文学观念的同时，可以援引西方现代文艺理论作为论据；而在宣扬各自所服膺的某种西方文艺理论思想的同时，彼此又产生了新的论争。

（一）传统文学观念的“改良”与“革命”

本阶段对旧的文学观念的抨击，主要集中在“五四”时期。总的看来，这一阶段文化界对旧有文学观念和文学创作的批判是相当激烈的，有些影响很大的文章，用语甚至相当不雅。比如，钱玄同曾直斥当时旧学代表桐城和文选两派为“选学妖孽，桐城谬种”，陈独秀则将“桐城派”“骈体文者”“江西派”统称之为“十八妖魔”[①]。且不论他们对旧文学的贬斥是否都站得住理，单是这些不顾文人形象的咒骂口吻，已经见出他们对待传统文学及其观念的强烈反感。然而就是这些不够严谨的情绪化的言辞，却都产生了很大的社会影响，也正反映出五四时期人们对待传统文化的普遍态度。十几年后，鲁迅先生回顾这段历史时曾说：“五四时代的所谓‘桐城谬种’和‘选学妖孽’，是指做‘载飞载鸣’的文章和抱住《文选》寻字汇的人们的，而某一种人确也是这一流，形容惬当，所以这名目的流传也较为永久。[②]”五四时期，早已经不是旧文学的天下。“古人已造古人之文学，今人当造今人

---

① 1917年《新青年》第2卷第6号刊载了钱玄同致陈独秀的一封信，信中说，“惟选学妖孽所尊崇之六朝文，桐城谬种所尊崇之唐宋文，则实在不必选读”，首次使用了“选学妖孽，桐城谬种”的说法。陈独秀“十八妖魔”之说则见于《文学革命论》，亦刊于《新青年》第2卷第6号。

② 鲁迅：《五论“文人相轻”——明术》，《且介亭杂文二集》，人民文学出版社2006年版，第177页。

之文学”[①]，胡适之先生如是说。虽然旧的文学不会就此彻底退出历史舞台，但新的文学却一定需要被创立起来。

历史地看，五四时期的文学革命主张是相对激烈而粗疏的。激烈是指对待旧文学观念的态度过于简单粗暴；粗疏则是说确立新文学观念的主张还不够细致具体。而且这一时期的所谓“新文学观念”也大都是建立在反对传统文学观念基础上的，因而就算是革命的、创新的主张，跟旧的文学传统之间也都还存在着千丝万缕的联系。

五四时期的激进青年学者，虽然可以笼统称之为“文学革命”派，但其主要成员的立场和观点之间还是会有些差异的，不同参与者角色不同、个性特征不同，发挥的作用也不同。比如，1917年1月，被陈独秀称为文学革命“急先锋”的胡适之，在《新青年》2卷5号发表了《文学改良刍议》，文中提出了文学改良的“八事”，用语还相对温和；1917年2月，被毛泽东称为五四运动“总司令”的陈独秀在《新青年》2卷6号发表的《文学革命论》，其中倡言的文学革命军“三大主义”，态度则相当激烈。

胡适之所谓文学改良“八事”，指的是：“一曰，须言之有物。二曰，不摹仿古人。三曰，须讲求文法。四曰，不作无病之呻吟。五曰，务去滥调套语。六曰，不用典。七曰，不讲对仗。八曰，不避俗字俗语。”[②]总体看来，这八个方面针对的都不是根本的观念性的问题，而主要是围绕创作方面提出的要求，因而改良的意味是非常浓重的。此外，胡适提出的这八个方面均是从反面入手，强调不做什么，故而胡适后来在《建设的文学革命论》中又将其概括为“八不主义”，立论如此，用语也就显得相对温和。

---

① 胡适：《历史的文学观念论》，王运熙主编《中国文论选》现代卷（上），江苏文艺出版社1996年版，第30页。

② 胡适：《文学改良刍议》，王运熙主编《中国文论选》现代卷（上），江苏文艺出版社1996年版，第1页。

陈独秀的文学革命军“三大主义”，指的是：“曰推倒雕琢的阿谀的贵族文学，建设平易的抒情的国民文学。曰推倒陈腐的铺张的古典文学，建设新鲜的立诚的写实文学。曰推倒迂晦的艰涩的山林文学，建设明了的通俗的社会文学。”[①]与胡适之的改良主张不同，陈氏之主张，一则立意鲜明，观点明确，告诉人们他反对的是什么主张的是什么，根本不做改良的打算；二则所涉及的均为观念性、根本性问题，没有商量的余地，因而显得异常尖锐而强硬。

回顾五四时期的文学革命，陈独秀那样的领导者，言辞激烈而富于感染力，当然是需要的，他能够充分调动读者的积极性；胡适那样的开拓者，用语温和且所指明确，能够让人们知道应该如何去做，实际上是更为重要的。

胡适之、陈独秀而外，五四时期还有许多非常活跃的文化界人士，比如钱玄同、刘半农，还有鲁迅和周作人两兄弟，都为文学革命的持续深入开展发挥了积极的作用。如果说胡、陈他们是文学革命的急先锋，他们身后还有众多摇旗呐喊的追随者和助威者，共同汇成了五四文学革命的时代洪流。

（二）西方文艺理论的接受与转化

对于中国文艺观念的现代转型而言，五四时期“文学革命”的意义之大，其实是很难用文字说明的。虽然20世纪初的学人，包括梁启超、王国维那一辈，也包括陈独秀、胡适之等人，他们对于传统文化普遍带有非常复杂的感情；但五四时期的学人与维新派学者最明显的差别就在于，他们是能够真正割舍传统，立志创新的一代学人。中国文艺观念的现代转型，五四时期是有伟大的转折意义的。自此之后，

① 陈独秀：《文学革命论》，王运熙主编《中国文论选》现代卷（上），江苏文艺出版社1996年版，第11页。

文艺界从理论研究到创作和批评等各个领域，文艺观念的创新都已经成为共识。

五四文学革命之后的文艺创新，大都是建立在对于西方文艺理论的学习和借鉴基础上的；真正意义上的无所依傍的创新，彼时几乎是不存在的。于是，我们看到，这一阶段虽然文艺理论异说纷呈，显得极为繁荣，然而几乎每一种理论、每一种学说背后都站着一个甚至几个西方理论家，有着西方某种或者某几种文艺思潮直接或间接的影响。罗钢曾说："如同在王国维身后站着叔本华，在朱光潜身后站着克罗齐，在宗白华身后，站立着一位20世纪德国著名美学家恩斯特·卡西尔。"[①]沿着这样的思路，我们还可以把这份名单加长：胡适背后站着美国哲学家杜威，成仿吾身后站着法国哲学家基友与德国艺术史家格罗塞，梁实秋文论观念源于新人文主义者白璧德，茅盾前期借重的是泰纳与左拉的思想，李健吾推崇的是法国印象主义批评家法郎士，如此等等。

从比较的眼光看来，这一阶段文艺界对西方观念的借鉴，与前一阶段西方观念的移植还是有所不同的。这一阶段较为活跃的学者大都有长时间留洋的背景，传统文化与文学的知识积累与审美经验并不厚重，因而此期文学革命的"中西结合"模式，与王国维"以西化中"或者梁启超"以西维中"的模式都有较大差异，而是更多、也更强烈地表现出"以西代中"的倾向。易言之，这一阶段的文艺审美观念的现代转型，"西化"的色彩是更为浓烈的。

尤为值得注意的是，此阶段学者们对西方文学理论、美学理论的翻译，取得了较为丰硕的成果。比如耿济之翻译的俄国托尔斯泰的《艺术论》，傅东华翻译的意大利克罗齐的《美学原论》，章锡琛翻译

① 罗钢：《意境说是德国美学的中国变体》，《南京大学学报（哲学·人文科学·社会科学版）》2011年第5期。

的日本本间久雄的《新文学概论》，景昌极、钱堃新合译的美国温切斯特的《文学批评之原理》，以及鲁迅翻译的苏联文艺理论家普列汉诺夫的《论艺术》和卢那察尔斯基的《艺术论》等等。在大量翻译的基础上，文艺理论家们进而借鉴外国理论、结合中国文艺现状，开展了对文艺理论、美学理论的专门研究，从而出现了大量系统探讨文学、文艺原理的论文和著作。据陈传才先生在《二十世纪中国文学理论与著作概述》一文中的统计，"这段时间（五四时期至30年代初）文艺理论著述较多，已出版的代表性论著除鲁迅、李大钊、陈独秀、瞿秋白的作品外，还有胡适《文学改良刍议》、《谈新诗》等（上海良友图书公司版）；周作人的《艺术与生活》等（同上）；《茅盾论创作》（上海文艺版）、《茅盾论中国现代作家作品》等；郭沫若《文艺论集》（人民文学版）等；钱杏邨的《现代中国文学论》和郑振铎的《文学大纲》；以及朱自清、闻一多、叶圣陶、冯雪峰、周扬、胡风等专著或结集。"①大量理论译作、文艺论著以及美学论著的出现，为文艺审美观念的现代转型提供了理论基础与体系支撑。

二、新潮文艺观念的涌现与论争

对于新的文艺观念的创立而言，五四文学革命运动所产生的影响之大，难以备言，不过我们可以借用文学革命"急先锋"胡适的观点，大致将其概括为：首先，"文学者，随时代而变迁者也"，一时代当有一时代之文学，这是"文学进化之理"②；其次，文艺创新不可取法中国传统文论，因为"中国文学的方法实在不完备，不够做我们的模范"；再次，文艺创新需要向西方学习，因为"西洋的文学方法，

① 陈传才：《二十世纪中国文学理论与著作概述》，《中国出版》1991年第7期。

② 胡适：《文学改良刍议》，王运熙主编《中国文论选》现代卷（上），江苏文艺出版社1996年版，第2页。

比我们的文学，实在完备得多，高明得多，不可不取例”[①]。胡适的主张，大体上代表了同时代的陈独秀、钱玄同、刘半农等文学革命领军人物的观点，在社会上产生了很大的影响，也由此出现了20世纪二三十年代涌现的众多文学思潮和文学流派。

这一阶段的文艺观念如雨后春笋般层出不穷，涉及几乎所有文学体裁，论及几乎所有文艺领域。一时间众说纷纭，流派林立，令人目不暇接。理论流派如马克思主义、现实主义、自然主义、写实主义、浪漫主义、象征主义、唯美主义、印象主义、弗洛伊德主义、古典主义、未来主义、表现主义、达达主义、新人文主义、超现实主人、存在主义、新感觉主义；学术组织如文学研究会、创造社、语丝社、未名社、太阳社、南国社、新月派、学衡派、鸳鸯蝴蝶派、现代评论派、象征派、京派、海派、中国左翼作家联盟；文艺主张如活的文学、人的文学、为人生的艺术、为艺术的艺术、革命文学、大众文学、意象论、作家论、道德论、审美论。如此等等，不一而足，共同汇成一个众声喧哗的时代。形形色色的理论主张，共同交织成这一阶段多元文艺观念的交响曲。

表面上看，这一时期的文艺理论和文艺批评都极为繁荣，实际上却大都不过是借助西方的文艺理论包装而成的某一学说；而且，学说多了，也就逐渐形成不同阵营，各家各派遂就文艺观念、思维方法、价值取向，展开激烈论争，彼此之间互不相让，大有“你死我活”的架势。

有些论争是有积极意义的。比如《新青年》批评家对当时流行的鸳鸯蝴蝶派小说的批判，李大钊认为鸳蝴派的作品专以描写“柔靡艳丽”的内容，“驱青年于妇人醇酒之中”，已完全“堕落于男女兽欲之

① 胡适：《建设的文学革命论》，王运熙主编《中国文论选》现代卷（上），江苏文艺出版社1996年版，第45—46页。

鬼窟”（李大钊：《“晨钟”之使命》，载《晨钟报》1924年创刊号）；钱玄同则指出这些小说是旧派小说中“所谓‘淫书者’之嫡系”（钱玄同：《“黑幕”》，载《新青年》1919年第6卷第1期）；“他们多半将鸳鸯蝴蝶派小说判为‘艳史之黑幕’，气氛上是和批判黑幕小说连成一气的”[①]。再比如梁实秋对五四新文学所作的批评，他认为五四新文学运动，“就全部看，是‘浪漫的混乱’”。其理由如下：（1）新文学运动根本的是受外国影响；（2）新文学运动是推崇情感轻视理性；（3）新文学运动所采取的对人生的态度是印象的；（4）新文学运动主张皈依自然并侧重独创。在他看来，这种“混乱状态亦时势之所不能免，但究非常态则可断言”[②]。

有些论争则只有消极的意义。比如鲁迅与左翼文人之间的几次论争，尤其是20年代后期与创造社和太阳社成员的论争，影响之大甚至引起了国民党当局的注意。在这次论争中，属于后期创造社的李初梨、钱杏邨、成仿吾等人攻击了包括鲁迅、茅盾等人在内的五四时期就已经产生重要影响的作家，进而全盘否定了五四新文学的传统，他们认为“鲁迅写作的那个‘阿Q时代早已死去’，鲁迅创作大都没有现代意味，只能代表清末及庚子义和团时代的思想（钱杏邨：《死去了的阿Q时代》，《太阳》月刊1928年3月号）；甚至判定鲁迅是‘封建欲孽’‘二重反革命人物’，其他资深作家也一律被戴上‘有产者与小有产者代表’的帽子，要‘替他们打包，打发他们去’（成仿吾：《打发他们去》，《文化批评》1928年第2号）”[③]。鲁迅则认为，创造社和太阳社成员的那些“纸面上写着许多‘打，打’‘杀，杀’，或‘血，血’的”文

① 许道明：《中国现代文学批评史新编》，复旦大学出版社2002年版，第17页。

② 梁实秋：《现代中国文学之浪漫的趋势》，《浪漫的与古典的文学的纪律》，人民文学出版社1988年版，第6、13、27页。

③ 转引自钱理群、温儒敏、吴福辉：《中国现代文学三十年（修订本）》，北京大学出版社1998年版，第194页。

学，只是被误以为的“革命文学”而已，“听去诚然是英勇的，但不过是一面鼓”。鲁迅认为，“在革命时代有大叫‘活不下去了’的勇气，才可以做革命文学。”[①]

难能可贵的是，在打破传统、纷纷转向西方的时候，也有一些理论批评家不合潮流，捡拾起传统中颇有价值的文艺审美观念。比如李健吾的批评。他借鉴西方的印象主义批评，发现它与中国传统批评中的直观感悟方法颇有相通之处。他遂用带有传统特征的印象主义观念，去批评左翼的和倾向革命的作家，如巴金、萧军、萧红、艾青等，而且往往能说出一些另具慧眼的意见，特别是在对艺术风格和技巧的评论方面，弥补了社会学批评之不足。

三、文艺审美观念的权变与调整

这一阶段文艺观念之间的差异与论争，从表现形态与价值立场来看，大多表现为传统与现代、社会与个体、中国与西方以及阶级立场、意识形态之间对立与矛盾的复杂关系。但就文艺本质与文学批评维度来看，各种文艺观念之间共同纠葛于一组矛盾，即功利（工具）与审美、人生与艺术、思想内容与艺术形式……概言之，可以归之于马克思、恩格斯明确提出并清楚阐释的“美学的观点与历史的观点”。

关于“美学的观点与历史的观点”，虽然始见于黑格尔《美学》第二卷“我们在这里应该从历史和美学的观点对法国人提出一点批评”之说，[②]但马克思、恩格斯“清除了黑格尔‘历史和美学观点’的唯心主义原则，注入了唯物主义基础，使之成为新的方法论、彻底唯物

---

① 鲁迅：《革命文学》，《鲁迅选集·杂文卷》，朱德发、韩之友选注，山东文艺出版社1990年版，第199—200页。

②〔德〕黑格尔：《美学》第二卷，朱光潜译，商务印书馆1979年版，第381页。

主义的美学方法论，比黑格尔的更科学，更有生命力”[①]。恩格斯曾在《诗歌和散文中的德国社会主义》提出，“我们决不是从道德的、党派的观点来责备歌德，而只是从美学和历史的观点来责备他；我们并不是用道德的、政治的、或‘人的’尺度来衡量他”[②]。后来，在致斐·拉萨尔的信中，马克思、恩格斯有分别对这一概念做了解释。信中马克思要求拉萨尔“在更高得多的程度上用最朴素的形式把最现代的思想表现出来”[③]；恩格斯的要求是“具有的较大的思想深度和意识到的历史内容，同莎士比亚剧作的情节的生动性和丰富性的完美的融合。[④]”二者含义基本上是一致的。“美学观点”指的是遵循艺术掌握世界的规律，并重视作家的审美心理和创造精神；“史学观点”即重视文学的社会历史性质，主张将文学作品置于特定时代和社会联系中，从历史和阶级的角度分析作品中的人物、事件、环境及作家的态度。别林斯基进一步指出：“不涉及美学的历史的批评，以及反之，不涉及历史的美学的批评，都将是片面的，因而也是错误的。”[⑤]

这一时期文艺观念之间的差异，从理论上看，归根到底就是如何处理好创作与批评中的“美学观点”与“历史观点”之间的融合问题。“美学观点和历史观点”辩证统一的原则，是文艺创作与文艺批评的最高标准；但在具体语境下，面对不同的作家、不同的作品，批评家们并不总是会表现出不偏不倚、恰到好处的价值取向；每一位文艺理

① 卢铁澎：《“美学观点和历史观点”探源》，《首都师范大学学报》（社会科学版）1997年第3期。

②〔德〕恩格斯：《诗歌和散文中的德国社会主义》，中共中央马克思恩格斯列宁斯大林著作编译局编译《马克思恩格斯全集》第四卷，人民出版社1958年版，第257页。

③《马克思致斐·拉萨尔》，中共中央马克思恩格斯列宁斯大林著作编译局编《马克思恩格斯选集》第四卷，人民出版社1972年版，第340页。

④〔德〕恩格斯《致斐·拉萨尔》，中共中央马克思恩格斯列宁斯大林著作编译局编《马克思恩格斯选集》第四卷，人民出版社1972年版，第343页。

⑤〔俄〕别林斯基：《关于批评的讲话》，载《别林斯基选集》第三卷，满涛译，上海译文出版社1980年版，第595页。

论家或文艺评论家，他们的观点在与特定的历史条件与现实语境结合起来时，总是会有所偏颇、有所侧重。

比如，鲁迅并不反对文艺具有工具属性的观点，他在《我怎么做起小说来》一文中自陈："说到'为什么'做小说罢，我仍抱着十多年前的'启蒙主义'，以为必须是'为人生'，而且要改良这人生。"[①]他甚至也曾直白地说，文艺"用于革命，作为工具的一种，自然也是可以的"；然而，鲁迅并没有把"工具论"看作是文学的唯一标签，他接着说，"但我以为一切文艺固是宣传，而一切宣传却并非全是文艺，这正如一切花皆有色（我将白也算则色），而凡颜色未必都是花一样。革命之所以于口号，标语，布告、电报，教科书……之外，要用文艺者，就是因为它是文艺。"[②]对于一味标榜"革命"，而无视艺术特性的主张，鲁迅始终没有接受。颇有意味的是，鲁迅虽然一再标榜自己"不是批评家"，但却写过很多关于文艺批评的文章，对于文艺批评也是颇有心得。在一篇名为《对于批评家的希望》的文章中，他这样说，"所以批评家若不就事论事，而说些应当去如此如彼，是溢出于事权以外的事，因为这类言语，是商量教训而不是批评。"[③]所谓"就事论事"，就不是理论先行，动辄拿大帽子扣人头上；而是需要拿他们的观点与特定的历史条件与现实语境相结合，于是难免会有所偏颇、有所侧重。由此可见，鲁迅对于文艺批评在特定时代其功能属性大于理论属性的清醒认识。

20世纪上半叶中国的社会现实，必然要求充分发挥文学艺术的社会实用功能，因而就要求理论家批评家将文艺作品及作家的情感、态

① 鲁迅：《我怎么做起小说来》，《鲁迅选集·杂文卷》，朱德发、韩之友选注，山东文艺出版社1990年版，第312页。

② 鲁迅：《文艺与革命》，《鲁迅选集·杂文卷》，朱德发、韩之友选注，山东文艺出版社1990年版，第219页。

③ 鲁迅：《对于批评家的希望》，《鲁迅选集·杂文卷》，朱德发、韩之友选注，山东文艺出版社1990年版，第45页。

度置于具体的时代与社会联系中，采取从社会现实、人生境况和阶级立场出发的批评维度。文艺审美方面的特性，不是不重要；而只是在满足或基本满足“历史观点”基础上，文学艺术的审美属性才有可能得以本真地彰显。

就这一点而言，一度被视为新文学“理论先导者与杰出批评家”的周作人，则没有能够处理好“美学观点”与“历史观点”之间的动态平衡关系。他也曾喊出“人的文学”的口号，使人道主义成为五四新文学的纲领性主张之一；他还曾主张超越“为人生”与“为艺术”的对垒，倡导“人生的艺术派”，体现了其认识的全面性与理论的成熟度，也在文艺界产生了较大影响。然而，在周作人的观念中，“人道主义”与“个性主义”之间的分野并不清晰。1923年他推出《自己的园地》时，就已经流露出“个性主义”的明显倾向；1932年，他又出版了《中国新文学的源流》一书，提出“文学是用美妙的形式，将作者独特的思想和感情传达出来，使看的人能因而得到愉快的一种东西”[①]这样一个他自己勉强能够接受的概念，此后的周作人，便“日益自囿于草木虫鱼、鬼神古董，以至于逃避现实，只能做那种其实是‘赋得言志’的文章了”[②]，其文学观念离社会现实也越来越远。此后的周作人，其人其学都逐渐成为一个富有争议的人物。

因此，文艺的审美属性从来不是“定论”，它是随历史语境、时代精神而时时调整的“权变”的动态观念。更兼之这一阶段的文艺审美观念大多是从西方移植过来的，本身就具有水土不服的特点，第一阶段我们提及的无根性同样适用它。因而，它更要老老实实扎根于时代、社会与现实的土壤之中，在创作与批评的实践中，与传统文化的底蕴与精神深层相连，才能扎下根来，绽放出璀璨夺目的花朵。

---

① 周作人：《中国新文学的源流》，华东师范大学出版社1995年版，第2页。
② 温儒敏：《中国现代文学批评史》，北京大学出版社1993年版，第36页。

第四节　文艺审美观念的退隐与回归

20世纪上半叶文艺审美观念演化的第三个阶段，也就是最后一个阶段，从时间范围上看，始于1930年代中期“文艺界抗日民族统一战线”形成，直到1949年中华人民共和国成立。这一阶段文艺观念的特征是马克思主义文艺理论日渐成为主流，并与中国当时的具体社会文化环境相结合，形成了具有强烈政治文化色彩的毛泽东文艺思想，并最终取得了文艺理论话语的领导权。着眼于20世纪上半叶文艺思想的发展演变，我们的研究实际上并不囿限于某个时间段，而是将观察的视角延伸到整个20世纪上半叶，去探寻马克思主义文艺思想在中国传播、演变，发展、壮大的历史轨迹与必然逻辑，并在其中呈现文艺审美观念变化的图景。

一、马克思主义文艺观渐成主流

马克思主义文艺理论在中国的传播史，最早可以上溯至19世纪末20世纪初。根据季水河教授的考证，马克思主义学说传入中国，始于1898年胡贻谷根据英国学者克卡林《社会主义史》翻译的《泰西民法志》在上海广学会出版；而马克思主义文艺思想在中国的传播，则始于1903年赵必振翻译日本学者福井准造的《近世社会主义》在上海广智书局出版，书中《加陆马陆科斯》一章初步涉及了马克思主义的文艺思想；至于马克思主义经典作家的文艺论著在中国的传播和研究，则是俄国十月革命胜利以后的事。[①]

五四运动时期举国上下的开放心态和救国图强的时代氛围，使得源自西方的各种理论形态先后被译介进来，这种情况一直持续到20世纪30年代中期。整个文化界是这样的情况，文艺理论界亦是如此。从1917年至1937年，“在这短短的二十年期间，一方面受了世界各国近二三百年文艺思潮的影响，另一方面因为国内外的政治经济社会文化的变迁，使中国的文艺思想，或多或少的反映了欧洲各国从18世纪以来所有的各文艺思想流派的内容。”[②]马克思主义文艺理论虽然自世纪之初就逐渐进入我国，但其真正发生影响，却是20世纪30年代中后期的事情了。

总起来看，五四运动之后二十年左右的时间里，马克思主义文艺理论基本上还只是众多文艺派别中之一派，是当时多元文艺思想交响乐中的一个声部。回顾五四运动之后马克思主义文艺理论在中国的传播与接受，应该说有主观和客观两种因素推动了马克思主义文艺理论在中国的兴起和流布。

从主观方面看，早期共产党人和革命作家的不懈努力，显然是促进马克思主义文艺理论在中国传播的重要因素。还在五四运动时期，中共产党的主要创始人之一李大钊就曾在《新青年》第6卷第5、6号连载《我的马克思主义观》一文，谈及马克思部分文学艺术观，产生了一定社会影响；此后十年间，瞿秋白、萧楚女、茅盾、邓中夏、恽代英、郑振铎等革命作家，也都在各自的创作或译作中，间或涉及马克思主义文艺观；20世纪30年代以后，马克思主义经典作家的文艺论著得到了有意识的、大量而集中的翻译和传播，比如瞿秋白编译的《现

① 季水河：《百年反思：20世纪马克思主义文艺理论在中国的传播、发展与问题》，《湖南师范大学社会科学学报》2005年第1期。

② 李何林编著：《近二十年中国文艺思潮论1917—1937》，陕西人民出版社1981年版，第7页。

实——马克思主义文艺论文集》，赵季芳编译的《恩格斯等论文学》，欧阳凡海编译的《马恩科学的文学论》，以及周扬编校的《马克思恩格斯列宁论艺术》等陆续面世，极大地促进了马克思主义文艺理论在我国的接受与传播。此外，这一时期以“中国左翼作家联盟”为主力的左翼文艺运动，也在描写了阶级斗争场面的同时，通过与敌对势力的论争，传播了马克思主义革命学说，发展了马克思主义文艺理论。许道明曾将20世纪30年代左翼文学批评的主要成就概括为五个方面：（1）粉碎了国民党反动御用文人炮制“民族主义文学运动”，向革命文艺阵营实行“围剿”的阴谋；（2）维护文学的阶级论，批判了超阶级的小资产阶级文艺观；（3）大规模地开展了对马克思主义文学理论的翻译、介绍和传播工作；（4）研究和总结了五四运动以来新文学运动的历史经验，探讨了左翼文学运动的一些新课题；（5）研究创作现状，扶植文学新人成长。[①]这些概括是相对准确而全面的，从中我们也可以看出，马克思主义文学观念如何贴近彼时代的社会现实，从而发挥了巨大的社会影响，也为其后的发展打下了坚实的基础。

从客观方面看，则是由于20世纪二三十年代国内外各种形势的急剧变化，推动了马克思主义文艺理论与中国社会现实的紧密结合。按照中国原来的“现代化”进程，自甲午中日战争之后，一直到五四时期，二十多年的时间里，国人已经习惯了将“西化”视为中国“现代化”的基本模式，而五四时期所谓“西化”，指的主要是欧美文化为代表的西式制度文明与器物文明，并不包括马克思主义这样的新兴理论。然而，事情很快产生了变化，首先是俄国十月革命胜利之后，马克思主义指导下的社会主义制度引起了国内思想先进人士的关注；然后是1929—1933年之间源于美国，波及整个资本主义世界，史称“大萧条”的经济危机，包括美国、英国、法国、德国和日本等传统资本主义强国在内，无一幸免；随后，经济危机引起了意大利、德国、日

① 许道明：《中国现代文学批评史新编》，复旦大学出版社2002年版，第124—127页。

本对邻近国家的侵略，直至第二次世界大战全面爆发。西方国家的这些问题也引起了中国知识界关于中国发展道路问题的反思，其主要表现之一就是30年代关于“中国现代化问题”的大讨论。这次大讨论，以1933年7月《申报月刊》刊出“中国现代化问题号”特辑为标志，《东方杂志》《独立评论》《经济建设季刊》《中国实业》及《三民半月刊》等刊物也纷纷跟进。大讨论中各种现代化思想相互激荡和碰撞，其中有不少文章谈及苏联建设和社会主义问题。以《申报月刊》“中国现代化问题号”特辑为例，讨论共收到10篇短论和16篇专论，其中“完全赞成走私人资本主义即个人主义道路的只有1篇，90%的论文赞成、倾向于社会主义和‘非资本主义’方式”[①]。这些讨论客观上反映了20世纪二三十年代国内外各种形势变化对我国思想界带来的直接冲击和深渊影响，引起了知识界关注马克思主义思想和社会主义制度的热潮。根据中共中央党史研究室编写的《中国共产党历史》统计，从1927年到1937年，共出版各类马克思主义著作100多种，仅一些左翼社会科学工作者翻译的马恩列斯著作达113种之多；[②]根据中共中央马恩列斯著作编译局马恩室编写的《马克思恩格斯著作在中国的传播》统计，从1929年到1935年，被国民党中央宣传部以“共产党刊”为罪名查禁和查扣的书刊近500种，其中包括马克思、恩格斯、列宁的著作及其生平事业的书籍数十种。[③]知识界对于马克思主义思想和苏联社会主义制度的关注可见一斑。在这样的时代背景中，知识界关于当时“中国社会性质”问题的大讨论也非常引人注目，“论战的结果，使马克思主义者的近代中国社会性质是半殖民地半封建社会结论成为主导，并

---

① 秦正为：《1930年代中国现代化的萌动及其社会主义走向》，《长白学刊》2010年第3期。

② 中共中央党史研究室：《中国共产党历史（第一卷）》上册，中共党史出版社2002年版，第469页。

③ 中共中央马恩列斯著作编译局马恩室《马克思恩格斯著作在中国的传播》，人民出版社1983年版，第288—289页。

为当时的进步思想界、理论界所认同”，这场论战“在世界视野和阶级话语下建构起宏大叙事”[①]，影响到了知识界关于当时社会性质，以及未来社会发展走向的认识，也推动了马克思主义文艺理论与中国社会现实的紧密结合。

五四运动之后，中国渐趋恶化的社会条件和持续动荡的时代形势，不断强化着文学艺术的政治功能与工具属性，相对忽视文学艺术的审美特征；20世纪30年代之后日渐激烈的抗战热潮，又进一步强化了这一特征，使当时很多文学评论都不自觉地溢出了文艺的疆域，在实际上成为了文学化的政治斗争。在这一过程中，马克思主义文艺理论的传播、接受，与其“中国化”发展，也对于文学艺术政治功能的强调和审美性质的弱化，起到了很重要的引领作用。

在世界风云动荡、国内战乱不断，文艺界论争纷起、所见不一的时代背景下，1942年5月，中共中央在延安杨家岭召开的文艺座谈会，就成为推动马克思主义文艺思想与中国革命相结合而产生的毛泽东文艺思想，伴随着中国革命的不断发展，逐步从解放区走向全国的最重要的推动事件。

在1942年5月召开的延安文艺座谈会上，毛泽东发表了著名的《在延安文艺座谈会上的讲话》，讲话总结了我国五四运动以来，尤其1930年代文艺运动的基本教训，从中国历史发展的要求，提出一系列指导实际文艺运动的意见，正式开启中国现代文学批评的一个新时期——由政治重塑文学批评的时期。毛泽东提出“工农兵”方向和一系列文艺思想，先是在解放区，随后几年即被推广到整个中国文坛。1949年7月2日至19日举行的中华全国文学艺术工作者第一次代表大会，大会一致确认毛泽东《在延安文艺座谈会上的讲话》为指导文艺的总方针、“工农兵方向”为文艺运动的总方向。之后，在全中国范围内，文艺学

① 黄修卓：《20世纪二三十年代中国社会性质论战对马克思主义中国化的影响》，郑州大学学报（哲学社会科学版）2010年第2期。

研究教学、批评实践，文艺运动等等，都要在马克思主义、毛泽东文艺思想的指导下进行。

自此，中国文艺观念、文学理论结束了20世纪上半叶多元纷呈的状态，从“百家争鸣”进入到新的时代，开辟了文学与政治全面结合的新道路。

二、审美的文艺观念的迷惘与退隐

20世纪上半叶的文学艺术，本来就与社会的政治诉求结合极为紧密，随着马克思主义文学理论成为主流，尤其是毛泽东文艺思想的形成与其指导地位的确立，使当时的文艺理论总体上更加侧重政治方向与社会功能。虽然毛泽东在讲话中也提到了文学艺术的典型性、感染力等审美特征，区分了“政治标准”与“艺术标准”，强调“政治并不等于艺术”，指出了“许多同志有忽视艺术的倾向，因此应该注意艺术的提高”等问题。但是由于当时无论是解放区还是非解放区的人们，在对《在延安文艺会议上的讲话》精神的理解和运用上都存在一定偏差，反而更加轻慢文学的审美特征，而对文学与政治的关系做了一体化构想。但总体上说，马克思主义文艺思想，尤其是毛泽东《在延安文艺议会上的讲话》是符合当时尖锐复杂的政治环境与国内形势的，对中国现代文学艺术及文学批评的发展，具有划时代的意义。

这一时期对于文学艺术审美属性的强调，大致有两种不同的取向：一种是从反面立论，主张文学艺术家不应该“从政”（沈从文），文学艺术不应该“再任着时代的洪流推逐”（待桁），因为这样的文学是“贫困”的（施蛰存），诸如此类的观点，代表着一部分艺术家的主张；另一种取向是从正面立论，主张文学艺术应该是“高雅的”“冷静的”“超脱的”（朱光潜），“真实流畅”的（梁实秋），如此等等，代表着一部分理论家的观点。倘若离开那个特定的时代，这些艺术家、理论家的观点自然也是有其合理之处的；然而，在内忧外患、战乱频仍的岁月里坚持创作“纯文学”，倡导文学艺术的审美性，就特别显出一种不合时宜与酸腐迂阔的气息。郭沫若在《新文艺的使命》中曾这样反驳，“假使是在军阀统治时代，一个作家要以蝇营狗苟的态度，运动做官，运动当议员，那当然是值得反对的事。……然而在抗战期间，作家以他的文笔活动来动员大众，努力实际工作，而竟目之为‘从政’，不惜鸣鼓而攻，这倒不是一种曲解，简直是一种诬蔑！”[①]平心而论，郭沫若的反驳并没有多少理论上的说服力，因为依照郭沫若的说法，二者的差异只是立场的不同，与文学艺术的性质并没有多少关系。实际上，二者的差异并不只是立场这么简单，更多的还是如何理解个人与家国社会之间的关系，也就是王国维当年所经历过的“忧生”与“忧世”之间的关系。对于文学艺术而言，在一个需要个人挺身而出的年代里，最高的境界不是立场变化，而是如何做到个人利益与家国利益的统一。比较而言，许道明在《中国现代文学批评史新编》里对朱光潜等人的评价相对还是公允的：“不能怀疑他们的民族感情，也不能怀疑他们中的大部并不满意于国民党政府对文艺的苛酷箝制，但是他们有义愤，却又被迷惘和恐惧所笼罩。他们几乎都是教授、学者、名作家，贵族化的偏见以及浓重的书斋生活方式，又进一步强化了他们同社会的阻隔。[②]”而一旦自觉认识到这种“阻隔”，他们也会努力突破自己的认识局限，接受符合社会发展方向的理论主张。这也可以理解为什么朱光潜在全国解放之后，自觉用马克思主义的美学观点改造自己原先带有强烈唯心主义色彩的美学思想，形成了“美是主客观的辩证统一”这样一种符合辩证唯物主义的美学观点，也因此成为当时最有影响的美学家之一。

许道明对朱光潜等人的评价，也可以用作个案，借以说明这一阶

①《中国现代文学史参考资料·文学运动史料选（4）》，上海教育出版社1979年版，第311页。

② 许道明：《中国现代文学批评史新编》，复旦大学出版社2002年版，第243页。

段的文艺审美观念，在具体的时代形势下的迷惘与隐退。朱光潜1933年由西欧学成回国，以他宽阔的文学视野和严密的逻辑学养，为中国现代美学理论留下了一大笔富有审美眼光与理论深度的理论遗产。他把感性世界和理性世界、艺术世界和功用世界区别开来，认为艺术是对实用价值和现实世界的超脱，当然是符合文学艺术的本质属性的一种表述。然而就历史存在的实际语境而言，在抗日救国的时代形势下，这种文艺审美观念的强调却难免显得不合时宜。在民族生死存亡之际，文艺审美主义观念的选择确实是值得警惕、反思与批判的。

三、审美观念回归生活

这一时期，对文艺的审美性的关注仍然以一种零星闪烁的方式出现，甚至出现在解放区文艺运动之中。如果我们把文艺美学的核心观念理解为一种审美的生活态度，或生活态度之上的艺术观念，就仍然会看到，哪怕是抗战的文艺、工农兵文艺中，仍然有对审美和美学问题的关注与论述。

在解放区，文学艺术的形式发生了巨大的变化，文艺从资产阶级的沙龙、客厅回到了广场，从个人主义的阅读回到了广场上的人民大众的集体的共同欣赏，从印刷文化转向了口头文化，从长篇小说到朗诵诗和秧歌剧。同时，从新文学倡导者们对于悲剧审美的推崇和对大团圆以及喜剧的否定转变为对于喜剧的重新欣赏和提倡。1945年邵荃麟提出了“人民文学”的口号，与其说是一种政治的文学，毋宁说是呼吁建立一种在广大人民现实生活以及真实生活体验上构建的审美化的人生态度。这种态度有别于资产阶级无功利的审美乌托邦，而是脚踩大地的劳动者日常生活的审美化。

艾青在《我对于目前文艺上几个问题的意见》中说：“在为同一的目的而进行艰苦斗争的时代，文艺应该（有时甚至必须）服从政治，因为后者必须具备了组织和汇集一切力量的能力，才能最后战胜敌人。但文艺并不就是政治的附庸物，或者是政治的留声机和播音器。文艺和政治的高度的结合，表现在文艺作品的高度的真实性上。愈是具有高度的真实性的文艺作品，愈是和一定时代的进步的政治方向一致。”[①]这就是说，在特定的时代条件下，注重文艺的审美性，关注美学的现实经验，从根本上说，就是一种真实的生活态度，或换言之，是一种深切融入时代大潮，扎根于现实世界的日常生活本身。葛兰西意味深长地指出：“从政治家的观点来看，他从来不会对艺术家表示满意，也不可能成为艺术家；他永远觉得艺术家是时代的落伍者，赶不上时代的步伐，永远被现实运动抛在后面。”[②]当政治性、人民性成为文艺观念中压倒性的主题，文艺的审美观念隐退，文艺为了不落后时代，与身处的时代与时俱进，文艺的审美性就必须回归真实，化身为一种日常化的生活方式。

从“破土出苗的艰辛”到“杂花迷眼的浮华”，再到“星光暗淡的隐闪”，我们描述出20世纪上半叶中国文艺审美观念此消彼长的演化轨迹，从中可以看出，对文艺的审美关注和美学的现实阐释，是与这个时代的社会变革与文化转型紧密地联系在一起的。对于革命政治运动、社会历史的发展来说，它虽不是时代舞台的主角，但却是历史浪潮中最重要、也是最愉悦的牵制力量之一。它可以被隐藏、被遮蔽，却从不缺席。它或隐或显地表现，受制于奠基在社会生活、人生现实之上人们的实际生活愿望与理想人生追求，它是被人的世界观、生活观、政治观所左右的价值关怀，它始终是为人生的，无论直接或者间接，只有依凭真实的、具体的时代生活，它才能显现出灿烂的本真之光。这就是文艺审美观念演化的内在逻辑与发展态势。

---

① 艾青：《我对于目前文艺上几个问题的意见》，引自《艾青全集》第5卷，花山文艺出版社1991年版，第385—386页。

②〔意〕葛兰西：《文学批评的准则》，《论文学》，吕同六译，人民文学出版社1983年版，第16页。

第四章

20世纪上半叶文艺审美范式的转型与分化

20世纪80年代“文艺美学”的诞生，不仅代表着一门新兴学科的出现，更意味着一种新的文艺审美范式的初步确立。虽然这一新的审美范式的最终确立，还有待学科自身的建设，但其所代表的发展方向却是非常明确的。

文艺审美范式可以理解为某一时期的文艺共同体所认同的价值观念、认知模式、表达方式等的综合体，可以视为一定历史时期中较为稳定的审美认知与批评方式。通过对文艺审美范式的深入研究，我们才有可能透过纷繁复杂的文艺现象，理解某个特定时代文艺现象的审美本质，从而更加清晰地认识这一历史时期的文艺创作、鉴赏与批评。

20世纪上半叶，面对西方列强的强盛入侵与不断蚕食，伴随着农业文明的逐渐式微，中国传统的“经典—人文”文艺审美范式也随之走向衰退，新的文艺审美范式竞相建立。从一种占据主流地位的传统文艺审美范式被打破，到另一种广为接受的新的文艺审美范式的逐渐形成，其间过程极为漫长而复杂。中国文艺审美范式的废旧立新，并没有随着晚清政府的覆亡而自动实现，也没有随着国民政府的垮台而最终完成；事实上，时至今日，这一过程依然在延续，旧的文艺审美范式并未彻底退出历史舞台，新的文艺审美范式也依然处在确立过程之中。

当我们将视野置于20世纪上半叶社会文化转型的历史大背景中，我们不仅会看到传统社会从经济、政治到文化的全面崩坏，也会看到新的生产方式、社会制度、文化形态的艰难创立。西方文化冲击的外在因素与中国文化发展的内在逻辑，带来了整个社会长时间的激烈动荡与不断变革。在这一过程中，广大智识阶层在文艺领域探索国家富强、民族振兴的过程中，逐渐形成了两种不同的审美范式：其一，以艺术教育为手段，实现国民精神启蒙的“美育—启蒙范式”；其二，以革命文艺为手段，实现凝聚人心、救亡图存的“革命—救亡范式”。20世纪上半叶，随着民族危机的不断加深，“革命—救亡范式”逐渐占据了主流，也成为建国之后刻板的革命文艺的先声。

从这一时期中国文艺审美范式的转型与分化过程来看，“经典—人文”范式的崩坏与诸多新范式的建立都经历了漫长的发展过程，期间或此消彼长，或几种范式同时并存。值得注意的是，中国20世纪上半叶存在过的各种文艺审美范式——即使是“经典—人文范式”的某些遗存——所有变革皆出于对西方文明冲击的回应。因此，这一时期中国的文学艺术，无论是文人艺术还是民间艺术，都不断发生着迥异于传统文艺的显著而深刻的变化。这些变革在当时的影响不一定都很重大，也不一定都能够持续存在，但却在不经意间形成一种合力，共同影响到20世纪以来中国文学艺术的发展方向。由此，我们研究20世纪上半叶文艺审美范式的转型与分化，其目的也就不仅仅在于还原历史真实，更在于发现中国文艺审美领域“现代化”进程的动因与走向。

第一节 “范式”与“文艺审美范式”

根据学术界较为普遍的说法，“范式”一词出自美国科学史家、科学哲学家托马斯·库恩于1962年出版的《科学革命的结构》一书，指称在“科学共同体”中形成的共同价值观念、理论方法、研究模式等。该书迄今已经修订出版了四次，汉译本由金吾伦、胡新和译出，初版于2003年，2012年据原书第四版出版了译本第二版。但这并不等于说，“范式”一词是在2003年该书中译本在中国出版之后才引起我国学术界注意的，事实上，早在改革开放之初，这一词汇就随着各种西方现代哲学思想进入了我国。根据笔者在“中国知网”的搜索结果，1981年5月，黄亚平就在《世界科学》当年度第5期上发表了他翻译的、美国科学哲学家George F.Kneller所著《科学—人类的探求》一书中的一章，其中就包括了对托马斯·库恩“范式”理论的介绍。[①]因此，“范式”这一概念进入我国学术界的视野至少已有四十年时间，期间“理论和学术界围绕范式理论进行了广泛的研究，形成了大量的研究成果，与之相随，‘范式’亦被广泛运用”；然而，“在不同的学科和领域，借鉴和扩展性运用的‘范式’则多‘充满歧义’”[②]。在文艺理论

①〔美〕奈勒（George. F. Kneller）:《从“猜想”到“范式”》，黄亚平译，《世界科学》1981年第5期。

② 曾令华、尹馨宇:《“范式”的意义——库恩〈科学革命的结构〉文本研究》，载武汉理工大学学报（社会科学版）2019年第6期。

和美学研究领域亦是如此。虽然“审美范式”的概念已经广泛地为文艺界的学者们所使用，但是在使用的过程中，“范式”一词的具体内涵却始终存在着各种不同解读。因此，在展开本章讨论之前，我们有必要对“范式”及“文艺审美范式”的确切含义加以相对明确的界定。

一、何谓“范式”

在《科学革命的结构》一书中，库恩认为，“范式”首先是一些科学“成就”，如果这些“成就”具有如下两个基本特征，就可以被称作是一种“范式”。这两个基本特征是：首先，“空前地吸引一批坚定的拥护者，使他们脱离科学活动的其他竞争模式”；其次，“足以无限制地为重新组成的一批实践者留下有待解决的种种问题”。库恩特别说明，“凡是共有这两个特征的成就，我此后便称之为‘范式’，这是一个与‘常规科学’密切相关的术语”；而他所谓“常规科学”，指的是“坚实地建立在一种或多种过去科学成就基础上的研究，这些科学成就为某个科学共同体在一段时间内公认是进一步实践的基础。”[①]从上面这些断续的说明中，我们可以看出，库恩所谓“范式”，是指透过某些经典“成就”，包括而不限于经典著作，所展现出来的，具有研究基础价值、且具有引导意义的研究模式。

《现代汉语词典》关于“范式”的解释是这样的：“可以作为典范的形式或样式；模式。”[②]而《辞海》中则这样界定“范式”：

范式亦称“规范”、“范型”。美国科学哲学家库恩用语。1962年在《科学革命的结构》一书中提出，用来解释科学革命。与“科学共同体”概念相联系。大体上是指科学共同体

①［美］托马斯·库恩：《科学革命的结构》，金吾伦、胡新和译，北京大学出版社2012年版，第8页。

②《现代汉语词典》（第六版），商务印书馆2016年版，第364页。

成员所共有的“研究传统”“理论框架”“理论上和方法上的信念”、科学的“模型”和具体运用的“范例”，还包括自然观或世界观等。范式是科学活动的实体和基础，科学的发展正是范式的运动。旧范式为新的范式所取代，则导致科学革命，标志着科学发展的又一重大转折。[①]

这些看法基本上较为完整而恰当地体现了库恩的“范式”观，但说不上非常贴切。事实上，库恩一直非常慎重地使用“范式”一词，避免使之被僵化为现成的规则或者模式。为了避免让这一基于科学实践的词汇变得过于理论化，库恩在《科学革命的结构》一书“后记”中再次强调，“范式是共有的范例”；甚至，他还尝试用“范例examplar”来取代“范式paradigm”[②]。库恩的这些努力，一方面使得“范式”一词非常贴近他心目中作为“科学共同体”共识、“常规科学”发展基础的，那个难以确指的概念；另一方面，也使得他本人，以及接受了这一概念的读者，歧义百出地运用这一词汇。玛格丽特·玛斯特曼（Margaret Masterman）在“Nature of a Paradigm（范式的本质）”一文中指出，库恩在《科学革命的结构》一书中对“范式”一词的用法居然有21种之多！[③]至于他人的用法，就更多到难以统计了。

综上所述，所谓“范式”，大致可以用来指称为某一领域“学术共同体”成员普遍认可的价值观念、理论框架、研究方法，以及模式、范例等构成的某种思想体系和研究方式。

在库恩提出的“范式”概念中，“科学共同体”这一概念尤为关键，应该引起足够的重视。在库恩看来，“范式”的建立和使用都是

①《辞海》编辑委员会：《辞海》（1999年版缩印本），上海辞书出版社2000年版，第700页。

②〔美〕托马斯·库恩：《科学革命的结构》，金吾伦、胡新和译，北京大学出版社2012年版，第156—157页。

③ 参见伊安·哈金（Ian Hacking）为《科学革命的结构》一书所做的导读。

在某一“科学共同体”内发生的。在《科学革命的结构》一书中，库恩举出一个例子：“一位研究者，他想要知道科学家是如何看待原子理论的，就去问一位著名的物理学家和一名杰出的化学家，单个氦原子究竟是不是分子。两位科学家都毫不犹豫地回答了，但答案却是不同的。……这两个人大体上说的是同一个粒子，但他们是从他们各自的训练和研究实践来看待它的。”[①]库恩指出，对于同一客观事物的认识，会因为理解的“范式”不同而存在巨大差异。这种现象在文艺研究领域同样存在，如雅克·马凯所言：“不论是在外面的现实世界中，还是在本质与理念的领域中，艺术都不是一种独立实体，而是一种由某一群人共同达成的心理构造。”[②]

同理，当我们将“范式”一词应用到文艺领域时，我们也就不妨称使用某一文艺范式的群体为“文艺共同体”。对于任何一种文艺审美范式而言，其所对应的“文艺共同体”的存在显然都是非常必要而且重要的。

二、何谓“文艺审美范式”

根据“范式”的基本含义，所谓“文艺审美范式”，指的就是在一定的“文艺共同体”范围内，为所有成员普遍认同的价值标准、审美观念，理论框架、研究方法，以及某些研究模式、批评范例等共同构成的思想体系和研究方式。

20世纪上半叶的中国，传统的文艺审美范式被打破，各种新潮的文艺审美范式不断涌现，相应的，各种新生“文艺共同体”也经常处于聚合离散的不稳定状态之中。这种新旧杂糅、多元丛生的“范式”

---

①〔美〕托马斯·库恩：《科学革命的结构》，金吾伦、胡新和译，北京大学出版社2012年版，第42—43页。

②〔美〕雅克·马凯《审美经验——一位人类学家眼中的视觉艺术》，吕捷译，商务印书馆2016年版，第6页。

存在状态，直到20世纪30年代中叶之后，才逐渐变得相对稳定，各种“范式”的内涵与相应的“文艺共同体”也逐渐变得清晰起来。不同的“文艺共同体”，以不同的文艺审美范式看待当时出现的种种文艺现象，由此得出褒贬不一的论断。事实上，在新旧社会文化、制度更替的特殊历史时期中，不同的文艺审美范式时而平行共存，时而激烈交锋；其原因就在于不同范式对应着不同的“文艺共同体”，他们所持有的不同社会目的和审美立场，造成了彼此之间观点的分歧。就20世纪上半叶的文艺审美范式存在形态而言，大致说来，有如下三种：“媚俗—商业范式”，建立在以演艺技能为谋生手段的职业艺人、民间艺人，以及文化商人群体组成的“泛审美”文艺共同体基础上；而“美育—启蒙范式”和“救亡—革命范式”则是分别建立在政治立场不同的知识分子群体基础上。

三、“范式”与“文艺审美范式”形成与演化的一般轨迹

在库恩看来，“以共同范式为基础进行研究的人，都承诺同样的规则和标准从事科学实践”，这就意味着，科学家的研究工作必然受到范式的规范和约束。然而，这只是问题的一方面，从另一方面看，对于科学研究而言，范式的存在又是必须且至关重要的。库恩接着说，“科学实践产生的这种承诺和明显的一致是常规科学的先决条件，亦即一个特定的研究传统的发生和延续的先决条件”[①]。

依照库恩的观点，任何一个科学领域的发展，都是建立在一定范式的成熟与突破过程中的。如他所说，“取得了一个范式，取得了范式所容许的那类更深奥的研究，是任何一个科学领域在发展中达到成熟的标志”；“而一种范式通过革命向另一种范式的过渡，便是成熟科学

①〔美〕托马斯·库恩:《科学革命的结构》，金吾伦、胡新和译，北京大学出版社2012年版，第9页。

通常的发展模式”[①]。由此可见，范式在科学发展过程中的重要意义。基于同样的意义，对于文学艺术的发展而言，“范式”的形成和发展，也是非常必要的。

然而，更重要的问题在于，范式又是如何形成与演化的呢？库恩以物理光学的发展历史为例，解释了科学研究从随机的“搜集事实”的活动，到第一个范式的突现的过程是如何产生的。这也正如沃尔特·李普曼在《舆论》一书中所说：“陌生的事物在我们的眼中，就是一团移动的、散乱的、无法辨识的虚像。而我们若想通过了解新事物的方式来提升自己的认识，即养成一种习惯以令自己对眼前的事物有迅速、明晰的洞察，那我们就必须要攻克一道难题：在事物模糊、易变的特征中，去捕捉其显著、稳定的属性”[②]。

为了对陌生的事物产生认识，我们不可避免地运用到已有的经验在对事物产生接收之前进行预先的判断。沃尔特·李普曼称这种预先的判断为“刻板印象”，即在对事物产生认识之前的一种预先的想象：“我们总是在亲眼观察世界之前就被预先告知世界是个什么模样；我们总是先对某一事件进行想象，然后再去切实地经历它。[③]”对于专业的科学家和文艺工作者而言，面对各种复杂的现象，预先构建一个较为稳定的研究模式和价值判断标准，往往是其工作得以顺利进行的前提条件。对文艺工作者而言，特定的文艺审美范式便成为他们进行艺术创作和理论研究的工具，也是他们所从属的“文艺共同体”成员对文艺审美现象进行接受和批评的、具有稳定性的价值尺度和评判标准。

20世纪上半叶，中国社会发生了巨大的变革，旧的政治、经济、

①〔美〕托马斯·库恩：《科学革命的结构》，金吾伦、胡新和译，北京大学出版社2012年版，第9、10页。

②〔美〕沃尔特·李普曼：《舆论》，常江、肖寒译，北京大学出版社2018年版，第66页。

③〔美〕沃尔特·李普曼：《舆论》，常江、肖寒译，北京大学出版社2018年版，第73页。

文化体制全面瓦解，面对新的文艺现象和时代命题，传统的“经典—人文范式”显然难以解决这些新的问题，于是，寻求并建立新的文艺审美范式，便成为那一时代文艺工作者们最为迫切的任务之一。当然，人类历史上曾经出现过的任何一种文艺审美范式，都有其存在的理由与生存的土壤。换言之，只要某种范式存在的理由和生存的土壤还在，它就不会在一夜之间退出历史舞台。新旧范式的交替，总会有一段漫长的过渡期，在这段时间内，新的范式影响逐渐扩大，但旧的范式依然发挥作用。过渡期的长短，实际上并不完全取决于文学艺术自身，而更多地依赖社会形态的发展状况。我国著名社会学家费孝通先生曾经指出：“文化是物质设备和各种知识的结合体。人使用设备和知识以便生存。为了一定的目的人要改变文化。一个人如果扔掉某一件工具，又去获取一件新的，他这样做，是因为他相信新的工具对他更加适用。所以，任何变迁过程必定是一种综合体，那就是：他过去的经验、他对目前形势的了解以及他对未来结果的期望。[①]”旧的文艺审美范式不再适用于新的时代，文艺工作者们在抛弃旧的文艺审美范式的同时，必然会不断寻找新的替代范式。新旧范式过渡期间，必然经历一种新旧杂糅的“综合体”阶段，即使是最激进的变革者也难以避免。以五四时期最为著名的代表人物胡适之、陈独秀等人为例，他们发动新文化运动时言辞何其激烈，必欲彻底清除旧文学影响而后快；革命大潮跌落之后，他们中为数不少的人却又折回故纸堆研究起了传统文化。诚如雷颐先生所说：“新文化运动的先锋、激烈反传统的陈独秀政坛失意后便一直沉溺于小学之中；反满斗士章太炎由撰写‘令人神旺’的政论高手一转而为国学大师；以宣扬‘西化’闻名的胡适却又长期提倡‘整理国故’，其人生的最后二十余年几乎倾全力于《水经注》的考据之中；闻一多的学生、著名‘新月诗人’陈梦家

① 费孝通：《江村经济》，上海人民出版社2007年版，第14页。

后来也转向古文字学；就连‘敢于直面人生’的鲁迅，在辛亥革命后也曾一度致力于古碑的搜集整理而难以自拔。……[①]”凡此种种看似吊诡，实则恰是他们内心隐藏的新旧“范式”之矛盾所致。由是观之，新的文艺审美范式绝非可以横空出世、一蹴而就，而必然是在新旧文艺审美范式相互杂糅、此消彼长的胶着状态中，逐渐实现转型与分化的。

第二节　传统文艺审美“经典—人文”范式的崩坏与瓦解

中国传统社会的文艺审美范式，严格说来并非单一的存在形式，而是存在多重角度和层次的。从文化品位看，有雅俗之分；从主导思想看，有儒道之别；从表现心态看，文人处境之穷达，也会带来完全不同的思想观念和审美风格。此所谓“经典—人文”，指的也只是传统社会主流的文艺审美范式。就其侧重的内容看，这种范式主要是以中国传统的雅文化为基础、以儒家思想为主导、体现传统文人“达则兼济天下”的人生理想，推重传世文献、鼓吹世风日下、今不如昔，大兴崇古之风。这种文艺审美范式的形成虽可远溯至先秦时代，但其核心观念和审美倾向的形成与演变，则是唐宋以后文艺审美观念逐渐发展的结果；当然，其崩坏与瓦解，也同样经历了漫长的岁月，良非一日之功。

① 雷颐：《闻一多与中国现代知识分子的历史命运》，载《东方》1993年创刊号。

一、中国传统“经典—人文”文艺审美范式的含义

要之，我们所谓中国传统的文艺审美“经典—人文”范式，指的主要是唐宋之后逐渐形成的，以强烈道德情怀和明显崇古倾向为典型特征的文艺审美范式。这种文艺审美范式主要是以儒家思想为价值旨归，具有强烈亲近天地自然、重视人伦道德等人文情怀；以传世文献为创作范本，表现为推重礼乐文化、强调“文以载道”、追求“温柔敦厚”等等价值判断和审美取向。

从经典方面看，这种范式对传世文献的神化、与对上古社会的向往，源于中国传统社会长期处于农耕时代，一方面特别重视手工技术，因而形成了重视经验、轻视创新的思维习惯；另一方面也非常重视社会结构的稳定，因而养成了推重权威、反对变革的心理定式。要言之，此所谓“经典”，即是源于对手工技艺经验和社会稳定结构的重视。

从人文方面看，这种范式对以天地自然、人伦道德等观念为主要内容的人文关怀，则是因为长期生活在农耕社会的人们，一直保留着来自天地自然的深厚感受与对人伦幸福的深深眷恋。农耕时代，一方面人们还不具备预知天气变化的能力，所以人们只能听天由命、靠天吃饭，这就使得人们形成了尊重天时、敬畏天地的自然审美情感；另一方面，因为人们还不具备大机器生产的能力，所以只能依赖集体的力量，既要辛勤劳作、也要通力合作，如此方有可能解决大多数人的吃饭问题，由此也就养成了重视家庭、尊老爱幼的社会道德观念。要而言之，此所谓“人文”，即是源于个人对自然的尊重和对社会的依赖。

由此观之，中国传统社会的这种“经典—人文”文艺审美范式，显然是与长时期处于农耕社会有着极为密切的关系的。而在近代以来中国的现代化进程中，传统的“经典—人文”文艺审美范式逐渐崩坏与瓦解，则是源自内外双重压力共同作用的结果。

二、中国传统“经典—人文”文艺审美范式形成与崩坏

在中国漫长的历史发展过程中，逐渐形成了相对稳定的文化形态，表现在文艺审美领域便是同样具有相对稳定性的“经典—人文范式”；这一范式建立在具有稳定性的传统文化体系之中，同时也在不断修正的过程中维护着传统文化体系的稳定性。《诗经·大雅·文王》所谓“周虽旧邦，其命维新”[①]，正是中国传统文艺审美“经典—人文范式”的写照。《中庸》中写道：“故君子尊德性而道学问，致广大而尽精微，极高明而道中庸。温故而知新，敦厚以崇礼。[②]”中国传统文艺审美的“经典—人文范式”建立在儒家的文化体系之中，正是在不断追溯前贤，同时适应时代做出改变的过程中实现文化的传承与更新。而是否符合“经典”的要求与规范也就成为中国传统文艺审美的重要标准，对“经典”的不断“再阐释”也就成为中国文化发展变化的重要方式。文艺审美领域的“经典—人文范式”，是对以儒家文化为基础构建的社会形态的呼应，虽然也要求变化，但“经典”传承的稳定性却是其核心要义。以书法为例，自王羲之以降，作为主流的“帖学”一直以王羲之作为最高标准进行学习，帖学的发展正是在对王羲之的回溯中做出细微的改变。在书法艺术中，向古人法帖靠拢是书法学习的不二法门，也成为书法艺术成就高低的判断准则。在“经典—人文范式”中，“经典”的地位不容撼动，且在历史的发展中不断被强化。

历史地看，中国传统文学艺术的这种“经典—人文”审美范式，其形成与发展的每一阶段，都会受到儒家文化的影响，体现着儒家思想对文学艺术的本质规定和审美要求。

在文艺审美领域，将天地万物“人文化”，便成为中国艺术审美塑造的重要手段。唐宋以降，随着文人艺术的形成和不断发展，对艺术

---

① 程俊英译注：《诗经译注》，上海古籍出版社2012年版，第261页。

②（宋）朱熹：《四书章句·中庸章句》，齐鲁书社1992年版，第24页。

品的评判越发重视其人文精神的体现，而对技术的重视却在一定程度上受到鄙夷。在西洋绘画传入中国之后，以清代宫廷画家邹一桂为代表，中国艺术家们表现出对西洋绘画尤为重视技巧的轻视，邹一桂在《小山画谱》中写道：

> 西洋人善勾股法，故其绘画于阴阳、远近不差锱黍，所画人物、屋树皆有日影，其所用颜色与笔与中华绝异，布影由阔而狭，以三角量之，画宫室于墙壁，令人几欲走进。学者能参用一一，亦具醒法，但笔法全无，虽工亦匠，故不入画品。①

在中国传统文艺审美的“经典—人文范式”中，以“经典”作为典范，重视“笔法”，以此展现文人士大夫的精神追求是其重要目标。西方传统的绘画理念和实践显然与中国传统的审美范式大异其趣，无怪乎邹一桂对西洋绘画排斥了。这种现象也源自中国古代艺术家与西方艺术家身份的差异，西方艺术家往往以艺术创作为职业，而中国古代艺术则往往是文人士大夫游戏式的自娱。因此，虽然技术作为艺术创作的基础，但却往往被排斥在中国古代文人士大夫的话语体系之外。文人士大夫也往往以对技术的过度追求为耻，将仅仅擅长技术者视之为“匠人”。

中国古代“经典—人文范式”的文艺共同体基础，是传统社会的文人士大夫阶层；北宋中叶以降，随着城市商品经济的不断繁荣，商人与市民阶级的地位也在逐渐提升，适应于这一阶层的文艺审美倾向也就渐次出现和发展。当然，就中国古代文学艺术的整体而言，契合商人阶级的文艺审美倾向仍旧无法成为主流，这些商人与市民阶层

---

①（清）邹一桂：《小山画谱》，王其和点校纂注，山东画报出版社2009年版，第144页。

的文学艺术也仍旧受到“经典—人文范式”的规约，但是新的不同于“经典—人文范式”异质性因素已经出现。

除此之外，萌芽于魏晋时期的、强调文学艺术抒情本质与审美特征的文艺理论思想，也在不同时代断续出现并不断发展。由陆机“诗缘情而绮靡”之说滥觞，后世接受此说者络绎不绝。如白居易论诗有“根情，苗言，华声，实义”之说，就是把“情”看作艺术作品的根本；其他如李贽的“童心说”，袁宏道“性灵说”，以至王国维“境界说”等等，都可以视为后世文人对“诗缘情”的呼应。这些说法虽不至于动摇“诗言志”“文以载道”，以及“兴观群怨”“温柔敦厚”之类经典说法的根基，但也逐渐将其推向崩坏的边缘。

如前所说，这些产生于中国传统文化内部的非典型因素，其解构作用也就仅仅限于动摇人们对于“经典—人文范式”的信心，促使其日益崩坏而已。而中国传统的文艺审美范式则在不断追溯前人的过程中，在维护传统的同时也让创新和变革变得更加困难。

历史地看，20世纪初，中国传统的“经典—人文”文艺审美范式的土崩瓦解，更多的是因为受到了西方文化的猛烈冲击。在源自中国文化内部的解构因素与源自西方的异质因素的内外夹击下，传统文艺审美范式连同其赖以生存的社会体制，不可避免地从崩坏走向了瓦解。

三、中国传统“经典—人文”文艺审美范式的瓦解

当西方国家以坚船利炮打开了中国的国门，中国的文化界不得不开始思考中国近代落后于西方的原因，也开始主动要求变革。20世纪上半叶的中国文艺界，求新求变，主动寻求改良或革命以实现中华民族伟大复兴的愿望尤其强烈，从而表现出较强的功利性倾向。如康有为在《万木草堂所藏中国画目》中写道：

> 夫士大夫作画，安能专精体物？势必自写逸气以鸣高，

> 故只写山川，或间写花竹，率皆简率荒略，而以气韵自矜。此为别派则可，若专精体物，非匠人毕生专诣为之，必不能精……今工商百器皆藉于画，画不改进，工商无可言。此则比人藏画、论画之意，以复古味更新，海内识者，当不河汉斯言耶？①

康有为作为变革者与政治家的身份，让他在对艺术问题的分析中带上了强烈的政治诉求和功利性倾向。康有为在书中鼓吹写实的绘画，其目的并非指向艺术的发展，却是为了绘画为工商业服务的标准化要求。而在中国古代文艺审美的“经典—人文范式”中，标准化与写实的绘画恰恰是所谓“画匠”所为，为士大夫所不齿。而中国传统绘画中，即便如黄筌的写实绘画，也罔顾自然现象的真实性，在康有为看来，这正是中国绘画之所以衰败的原因。于是，康有为在书中对中国传统绘画中属于别派的“着色界画”大力鼓吹，而反对以“笔墨粗简”的文人绘画作为主流。康有为本人并非画家，其绘画收藏也非全然以艺术为目的，其绘画主张在艺术自律性的发展中实际上并没有多少实践意义，也并没有像其在书法领域鼓吹“碑学”一样掀起一场绘画领域的艺术运动。但是，从康有为这里，我们可以看到在应对西方入侵和外来文化的时代，中国知识分子竭力打破传统而建立新的文艺审美范式的努力。

欲建立新的文艺审美范式，第一步便是打破旧的范式，但想摧毁中国延续数千年的“经典—人文范式”却如同社会革命一样并非易事。直到1936年，刘海粟的一篇文章中仍旧在主张艺术上的革命，革旧文艺审美范式的“命”，同建立新的文艺审美范式一样，几乎贯穿了20世纪上半叶的始终。刘海粟在文章中写道：“中国的革命，第一次没

① 康有为：《万木草堂所藏中国画目》（1918年），转引自康有为《万木草堂论艺》，荣宝斋出版社2011年9月版，第114—115页。

有彻底；有第二次、第二次也还没有彻底；有国民革命军达到北洋军阀，然而，在某种意义上仍旧没有彻底，因为一切思想、学术，包括艺术也在内，都还没有彻底健全。我们研究艺术的人要明了：我们应具有革命的思想，要追求一条新路出来；非另外创造，就不配作一个现代的艺术家"[①]。

刘海粟主张的不仅仅是创新，更是对"经典—人文范式"的全面反对。"经典—人文范式"所要求的对"经典"的遵从被刘海粟视为对艺术的束缚，而革命与创新才是艺术发展的动力所在。刘海粟的艺术思想无疑受到了西方观念的影响，但应当注意，刘海粟同样不是出于对西方文化的追随，而是基于民族振兴的主体意识，以艺术革命作为中国振兴的手段。刘海粟写道："艺术是时代的结晶，表现一个时代的精神，代表一个民族的民族性。凡是一个民族的强盛，一定先经过一番艺术的运动。中国也正在走这条路"[②]。故而，打破旧的文艺审美范式并建立新的文艺审美范式只是行为而非目标，20世纪上半叶艺术家的内在动机却在以艺术革命推动民族和国家的振兴。

自晚清以至五四新文化运动，文学革命更是以更加激进的方式力图打破"经典—人文范式"，在这些文学革命的推动者看来，以"经典—人文范式"写作的"旧文学"是社会进步的阻碍，要想真正实现社会进步首先便要反对"旧文学"而发展"新文学"。从梁启超的《论小说与群治之关系》（1902）到胡适的《文学改良刍议》（1917）与陈独秀的《文学革命论》（1917），这种社会改良的倾向都非常明显，陈独秀在《文学革命论》中写道：

余甘冒全国学究之敌，高张"文学革命军"大旗，以为

① 刘海粟：《艺术革命观——给青年画家》，转引自《艺术理论基本文献——中国近现代卷》，周宪主编，生活·读书·新知三联书店2014年版，第114页。

② 刘海粟：《艺术革命观——给青年画家》，转引自《艺术理论基本文献——中国近现代卷》，周宪主编，生活·读书·新知三联书店2014年12月版，第114页。

吾友之声援。旗上大书特书吾革命军三大主义。曰推倒雕琢的阿谀的贵族文学，建设平易的抒情的国民文学。曰推倒陈腐的铺张的古典文学，建设新鲜的立诚的写实文学。曰推倒迂晦的艰涩的山林文学，建设明了的通俗的社会文学。①

在20世纪初文艺界的共同努力下，中国传统的“经典—人文”文艺审美范式终于失去了延续数千年的主流地位。在新的文艺审美范式建立的过程中，“经典—人文”范式在文学艺术领域依然存在不少拥护者，他们仍旧按照中国传统的方式进行艺术创作和文艺批评，但即便是这些人，也大都已经无法坚持中国传统文艺审美范式的主流地位，只是基于各种新型文艺审美范式的不足，强调传统范式依旧具有存在的合理性而已。在革命大潮的不断冲击下，传统的“经典—人文”范式逐渐从主流范式沦为众多范式之一。

四、中国传统“经典—人文”文艺审美范式崩坏与瓦解的原因分析

导致中国传统社会“经典—人文”文艺审美范式逐渐崩坏与瓦解的原因虽有内外之分，但其所发生的作用、以及发生作用的阶段和方式并不一致。

所谓内因，指的是产生于中国传统社会内部的各种解构传统文艺审美范式的因素。这些因素所发挥的作用，就是促使人们逐渐对传统的文艺审美范式发生怀疑，直至其彻底崩坏；然而，正如不经外力，中国的封建体制兜兜转转，就是没有自行解体一样，中国传统的文艺审美范式也是如此，崩坏的过程一直在继续，但没有外力作用，就是无法彻底瓦解。至于这些内在因素发生作用的阶段，则几乎贯穿了整

① 陈独秀：《文学革命论》，转引自王运熙主编《中国文论选》现代卷（上），江苏文艺出版社1996年版，第11页。

个封建时期，或者说几乎是贯穿了传统文艺审美范式发生作用的全部时段；而其发挥作用最大的阶段，则是在封建势力的统治相对薄弱的某些时期。这些内部因素发挥作用的方式，是在与传统文艺审美范式共通的思想体系内，不断发挥与传统范式相左的价值观念和审美追求的作用。这也就是说，内部因素发挥作用的方式，即是从内部否定传统“经典—人文”文艺审美范式的合理性，直至其逐渐崩坏摇摇欲坠。

所谓“外因”，指的是源自中国外部，主要是西方社会传来的种种迥异于我国传统文艺审美范式的因素。与传统社会内部产生的解构因素不同，源自西方社会的文艺审美范式在价值观念、审美风格、评价标准和表达方式诸方面均与中国传统的文艺审美范式大异其趣；因而其所能发生的作用、以及发生作用的阶段和方式，与前述同样属于中国传统文化的内在因素完全不同。从其所能发挥的主要作用看，西方的观念主要不是修补中国传统“经典—人文”文艺审美范式，而是要彻底颠覆它，颠覆其“文以载道”的价值观念、颠覆其“温柔敦厚”的审美追求，更颠覆其经世致用的功利性评判标准。源自西方的外在因素发挥作用的阶段，即是从西方文明开始进入我国的时期直至中国传统文艺审美范式瓦解。至于其发挥作用的方式，也与前述内部因素完全不同，既不是论争，也不是补充；而是从根本上否定，进而在不同维度上取代中国传统文艺审美范式。

如果说内部因素发挥的主要作用是促进中国传统文艺审美范式的逐渐崩坏，那么，外部因素的作用就是帮助内部因素一起推动中国传统文艺审美范式的崩坏，最后终于在中国面临“数千年未有之变局”的过程中，彻底瓦解了中国传统文艺审美范式的存在价值。当然，如前所说，中国传统文艺审美范式的崩坏和瓦解，并非一日之功；新的文艺审美范式的确立，也不是一蹴而就的。新旧文艺审美范式之间的更替，是一个不断反复和极为漫长的过程。

第三节　全球维度与审美范式转向的艺术呈现

20世纪上半叶，中国知识界不仅开始向西方学习先进的科学技术与社会制度，同时也以饱满的热情开始学习乃至移植西方的思想观念和学科体系，其中也包括各种新潮文艺审美观念。这个过程不是被动地接受的过程，而是在主动吸收的同时不断取舍和创造的过程。由此，在文艺审美范式发生现代转型的过程中，在中西文艺审美观念的摩擦与碰撞中，逐渐形成了既不同于中国古代也不同于西方的，具有我国本民族特征的文艺审美形态。

一、文化转型与全球维度的形成

晚清洋务运动以来，从官方到民间，学习西方先进生产技术的同时，各种现代化的工厂也在中国次第出现，中国开始从一个传统的农业国家向着工业化的方向转变。随着时代发展，中国传统的政治、经济、文化制度渐次崩溃，整个社会逐渐从政治制度、经济模式、文化观念，乃至国民性等方方面面展开了现代化转型。“五四”之后，中国文化面向西方文化的全面开放，使中国文化的发展具有了前所未有的全球维度，中国文艺审美领域也获得了前所未见的广阔天地。

基于这样的背景，文艺审美领域以“媚俗—商业范式”“美育—启蒙范式”和“革命—救亡范式”为代表的文艺审美新范式，在不同立场的文艺共同体的努力下逐渐建立起来。这些求新求变的范式均呈现出不同于传统社会“经典—人文”文艺审美范式的异质性，但同时它们与传统范式之间依然具有某些共通的属性，毕竟，他们都是生长在中国文化的土壤上的，也都需要面对现代化的艰难转型。即便是“经典—人文范式”的遗存，出于对西方文化的呼应，也需要根据时代需要，从中国古代的“经典”中寻求重振华夏辉煌的可能。

国际环境的压力与国内时局的窘迫，迫使新的文艺审美范式不约而同地走向了功利主义的探索道路。借助新的经济发展驱动力，“媚俗—商业范式”将流行文化当做盈利的手段而非目的；“美育—启蒙范式”以审美教育手段实现对国民的启蒙；“革命—救亡范式”以文学艺术激发国民抗战的斗志；传统的“经典—人文范式”则通过对中国传统的强调对抗西方文化的入侵。四者皆以文艺审美为手段，而非其终极目的，这也是20世纪上半叶中国文化现代转型过程中，新旧文艺审美范式共有的基本特征。

值得庆幸的是，面对西方文化的强势入侵，中国文艺界尚能保持独立的思考能力和主动的求索精神，既不是被动地接受，也不是全然排斥，而是试图在中西文化冲突之中，在古今之变的现代化进程之中，寻求一条适合我国国情的发展道路。总体上看，文艺审美领域的“中西之争”也只是表象，其内核则在于推动中国社会的全面现代化。20世纪上半叶是中国文艺审美转型的重要时期，虽然不同的文艺审美范式之间存在着巨大的差异和激烈的争论，但也存在着共同的价值追求——在与西方的交融和碰撞中找到文艺审美现代化的出路，而这样的道路既非中国传统的，也非照搬西方，从而让中国20世纪上半叶的文艺审美现象既保有中国的特质又带有非常鲜明的时代特征。

二、20世纪上半叶审美范式转向的艺术呈现

20世纪上半叶的中国，异质文化与新鲜血液的涌入给文学艺术带来了新的活力，也形成了这一时代多样的文艺创作形态。传统的

"经典—人文范式"对文艺审美的道德规约和传统枷锁被打破，功利主义引导下的多元文艺审美形态逐渐形成。从具体的艺术形态来说，区别于传统的时代特质与区别于西方的民族特质都非常鲜明地表现出来。

从文学领域看，白话文运动对白话文的鼓吹与提倡让更广泛的群众获得了文艺审美的准入通道。报刊、杂志的大量印刷和广泛传播让更多的人获得文学接受的可能，创造了一批新时代的文学接受者。审美受众的产生与成熟，也为"美育—启蒙范式"和"革命—救亡范式"奠定了群众基础。

在20世纪上半叶，文学对社会产生着直接的反思和批判作用，就像鲁迅笔下的种种人物，不仅深刻地反映出中国传统社会的弊病，也反映出鲁迅在动荡时代的人文关怀。文学在思考的深度上也走得更远，除了对中国古代社会的反思，也表现出对于现代化背景下，生活在城市里的人们精神状态的忧虑。"新感觉派"敏锐地察觉到现代化过程中，大都会商业的繁荣发展并没有真正给人们带来精神的愉悦和享受，而是给生活其中的人带来水沫般的虚无之感，这与西方一战之后在精神领域所形成的虚无与荒诞形成呼应，体现在文艺审美领域则是一种主动性的求索。

在美术领域，西式的教学方法也指向了对传统道德的反叛。美术领域的审美范式转型同新文学的提倡一样，有着颠覆传统道德，而提倡一种新式民主与自由的目标。李叔同1913年在浙江第一师范学校，刘海粟1914年在上海图画美术院（即后来的上海美专）分别开设了裸体模特人体写生的课程，在当时的社会舆论中引起轩然大波，也引起了知识分子的深入思考。汪亚尘为此撰写了《中国裸体美术不发达的原因》一文，指出中国与西方美术在内容、表现上皆有不同，故中国裸体绘画并不发达，较为深入地思考了现象背后的文化原因。[1]

而除了西式的美术教学方法，在美术领域审美范式的转向更集中地表现在对西方绘画手法的主动吸收和运用方面。刘海粟、林风眠、徐悲鸿等接受了西方美术教育，主动地寻找一种借用西方创作手法表达中国精神的方式；他如岭南画派，也以西方水彩画的方式改造传统中国画，表现出一种求新求变的探索精神。20世纪上半叶的美术家纷纷学习西方美术的艺术语言，素描、油画、水粉画、水彩画等西方绘画手段成为当时中国美术界学习的主要对象。但是，在形式语言的学习背后，更值得我们重视的是，在20世纪上半叶的美术家眼中，美术的形式语言并非其艺术表现的核心所在，他们试图寻求一种更能够充分展现民族精神的表现方式。如徐悲鸿于1930年创作的《田横五百士》和1940年创作的《愚公移山》，两幅油画作品都是以西方绘画的技巧和手法进行创作，却力图表现中华民族英勇抗争和百折不挠的民族精神，也曲折地表现出20世纪上半叶在面临民族危机之时，中国人民内心的渴望与信念。这种民族精神的体现不能简单地归结于美术作品的题材，而是由艺术语言和表现对象共同展现出来的。《田横五百士》中田横和士兵的身躯羸弱却表现出一种慷慨赴死的高昂气魄，《愚公移山》中以人物形象健硕雄强表现中华民族不屈不挠的抗争精神，这都是徐悲鸿吸收西方创作手法所带来的艺术魅力。而刘海粟、林风眠、张大千等美术家，在色彩的大量运用中，彻底改造了中国传统文人画的面貌，呈现出一种崭新的风貌。

音乐方面，20世纪上半叶文艺审美范式转型集中地表现在20世纪初的学堂乐歌运动中。通过沈心工、李叔同、曾志忞等人积极推动，20世纪上半叶涌现出一大批优秀的学堂乐歌作品。这些学堂乐歌往往

① 汪亚尘：《中国裸体美术不发达的原因》，转引自《艺术理论基本文献——中国近现代卷》，周宪主编，生活·读书·新知三联书店2014年版，第36—41页。

直接取西方的曲调并加以填词，在填词的过程中又注意呈现中国民族精神和改革的动向。在诸多学堂乐歌中，尤以李叔同的《送别》最为著名，其词曰：

长亭外，古道边，芳草碧连天。晚风拂柳笛声残，夕阳山外山。天之涯，地之角，知交半零落。一壶浊酒尽余欢，今宵别梦寒。

长亭外，古道边，芳草碧连天。问君此去几时还，来时莫徘徊。天之涯，地之角，知交半零落。人生难得是欢聚，惟有别离多。

这首《送别》的曲调直接取自日本音乐家犬童球溪依照美国通俗歌曲作者约翰·庞德·奥德威《梦见家和母亲》的旋律创作的《旅愁》，但在歌词中却表现出很强的中国民族特色。而在学堂乐歌的歌词中，更多的是表现民族救亡和奋发图强的内容。如沈心工所创作的很多歌词，便充分表现了时代的精神与呼声，其中有表达爱国主义精神的《黄河》《从军歌》《爱国》等；有直接鼓吹国民革命、歌颂共和新政的《革命军》《美哉中华》等；有提倡男女平权，重视科学的《女学歌》《电报》《纺织》等。但是对学堂乐歌将西方的曲调直接拿来的做法，梁启超却提出了批评：

夫今日音乐之必当改造，识者类能言之矣，然改造从何处下手耶？最热心斯道者，亦不过取某国某名家之谱，随己之所嗜，拉杂输入一二云尔。改造音乐必须输进欧乐以为师资，吾侪固绝对承认。虽然，尤当统筹全局，先自立一基础，然后对于外来品为有计画的选择容纳。而所谓基础者，不能不求诸在我。非挟有排外之成见也，音乐为过敏性之表现，而国民性各各不同，非可强此就彼。今试取某国音乐全部移植于我国，且勿论其宜不宜，而现当问其受不受。不受，则虽有良计画，费大苦心，终于失败而已，譬之撷邻圃之秾葩，缀我园之老干，纵极绚烂，越宿而萎矣。何也？无内发的生命，虽美非吾有也。[①]

梁启超一针见血地指出了学堂乐歌直接取西方曲调加以填词这种做法的局限性，提出要根据中国独特的国民性对音乐加以改造，而不是直接地“拿来”。但是，在当时的时代背景中，中国能够以五线谱和简谱作曲的音乐家少之又少，学堂乐歌则通过这样一种简便的做法，一方面推动了中国的音乐普及教育，另一方面也在作词的过程中注意到了中国民族精神和时代命题，在当时有着不可忽视的积极作用。在学堂乐歌运动的影响下，更多的人获得了音乐教育的机会，也为新的审美范式的建立奠定了更加坚实的文艺共同体基础。

甚至在中国独有的书法艺术上，20世纪上半叶的书法家和书法理论家也积极投身创作实践和理论研究，试图寻求一条书法艺术现代化的道路。如陈公哲于1936年出版《科学书法》，于1939年出版《行草书例》，以西方的科学分析的方法对书法进行研究。在《行草书例》一书中，陈公哲写道：

吾国字书，为世界唯一之符号文字，有三千余年之历史。经历代之演变，历朝书家，皆抱有发扬书道之心。惜立论多不脱前人术语，难为后学南针。终未畅其旨趣，盖无分析之工具也。洎至近代，世界之门户大开，国际学术潮流因之而至，数十年来，吾国文化思想，受其影响之巨……今不妨试以世界给与之科学，阐明书道，纳古法于新意之中，生

① 梁启超：《中国近三百年学术史》（1923—1924课程讲义，1926年上海民志书店刊行），商务印书馆2011年版，第430—431页。

新意于古法之外。[①]

陈公哲试图以西方的科学理论作为工具对书法进行理论研究，以更便捷地指导学习者进行科学、快速的学习。而于右任则积极投身于艺术实践，创立“标准草书”，以达到改造书法艺术的目的。这种以科学的态度对书法进行创造的方式，在今天看来显得生硬、刻板，但是在当时，也确实表现出新时代的知识分子，试图以西方的、科学的、理性分析的方式对书法艺术进行研究和发展。

20世纪上半叶，艺术家与知识分子积极投身于不同的艺术门类，对中国的传统文艺审美范式加以反思、颠覆和再造。新的文艺审美范式在各个艺术门类之中不约而同地表现出某些共同的特质，如对西方文学艺术加以学习或直接“拿来”；重视创新而非对“经典”的因循守旧；注意中国的民族特性和民族危机的时代命题；以艺术语言为手段而带有功利色彩……社会变革和新的社会形态的发展呼唤着文艺审美领域的创新与发展，传统的“经典—人文范式”对传统的追随和维护在这个时代中再也无法适应新的文艺审美命题，也就不可避免地没落和衰退。

20世纪上半叶，中国新的文艺审美范式的建立不再是中国固有文艺传统的延续和发展，而是在全球视野中的交互与融合，新的文艺审美范式建立所赖的文艺共同体成员，往往对西方艺术有着深入的学习与理解，甚至其中的很多人都曾经留洋海外并获得了良好的西方艺术教育。对传统的反思和对新的文艺审美范式的积极创造，成为这个时代文艺发展重要时代命题。但是，不同的文艺共同体在如何建立新的文艺审美范式这一问题上却作出了不同的回答，在不同的立场和视角下，新的审美范式在“经典—人文范式”的基础上出现断裂性的转型，并发生分化，也由此造成20世纪上半叶文艺审美领域的激荡与纷争。

① 陈公哲：《行草书例》，中国书店1988年版，第1—2页。

第四节 变革时代文艺审美范式的多元并存与动荡纷争

在“经典—人文范式”式微的过程中，新的文艺审美范式终于获得了发展的空间，在民族振兴的目标之下，不同的“文艺共同体”为艺术的发展提出了不同的策略与方案，力图建立新的文艺审美范式。这些新的文艺审美范式或共时性地彼此渗透，或历时性地此消彼长，在20世纪上半叶短短半个世纪中激烈动荡，显现出明显的不稳定性特征与多元共存的状况。

在20世纪上半叶的中国，“媚俗—商业、美育—启蒙、革命—救亡与经典—人文”四种文艺审美范式的此消彼长、共生共存构成了这一时期的文艺审美的总体面貌。要之，这四种不同的文艺审美范式建立在不同的文艺共同体基础上，在文艺审美领域因立场、目的不同而产生了不同的判断标准、题材偏好、创作手法和风格特征。但也应当注意，文艺审美范式是文艺共同体的价值观念、理论方法、研究模式等诸多方面的综合体，因此，这四种范式在共生共存的过程中虽然可能存在某些方面的交叉，但就其根本而言却仍旧有着极大的不同。而这四种范式最根本的不同便在于其文艺创作的功能与目的。“媚俗—商业范式”以文艺的审美属性为手段，目的在于实现资本增值的商业目的；“美育—启蒙范式”以文艺的教育属性为手段，目的在于通过国民启蒙而实现民族振兴；“革命—救亡范式”则充分发挥文艺审美的宣传功能，目的在于鼓舞斗志，救亡图存；而作为传统遗存的“经典—人文范式”则仍旧以经典作为追随的对象，试图延续文艺审美中的人文精神传统，作为对西方文化入侵的回应。

一、“媚俗—商业范式”的源流、勃兴与衰亡

“媚俗—商业范式”作为中国文艺审美现代化进程中萌芽最早的一种范式，随着中国社会商品经济的发展和市民阶层的兴起而发展起来。这一审美范式建立的文艺共同体基础是以文艺作为盈利手段从而实现经济利益的艺术家群体与文化商人群体。从宋代的话本小说，到明清的“三言二拍”“四大奇书”，都渗透着商业盈利的目的，逐渐形成迎合市民阶层审美偏好的写作手段。而在20世纪上半叶，“媚俗—商业范式”典型的代表流派便是“鸳鸯蝴蝶派”，这一承传于传统市民文学的小说流派，将“媚俗—商业范式”发展定型，形成了一种独特的文艺审美倾向。“鸳鸯蝴蝶派”虽然流行于辛亥革命之后，但实际上是对传统的一种延续性的发展，而不是断裂式的激进跨越，其代表人物包天笑便曾经解释自己的文学创作为“提倡新政制，保守旧道德”[①]。如同“三言二拍”鼓吹商业致富的同时又往往在结尾进行道德判断一样，“鸳鸯蝴蝶派”的作家群体往往出身于旧式文人，在主动创作符合大众审美的文艺作品以实现经济收益的同时，也仍旧有将传统的道德观念渗透其中的倾向。

在“媚俗—商业范式”的文艺共同体中，除却出身传统文人的写作者和艺术家，文化商人也在其中扮演了重要的角色。以文学为例，1906年全国出版的报刊已多达239种，除了刊登新闻之外，文学娱乐内容也占据了很大的版面。其中尤以梁启超创办的《新小说》（1902）、李宝嘉主编的《绣像小说》（1903）、吴沃尧与周桂笙编辑的《月月小说》（1906）、吴摩西编辑的《小说林》（1907）四种文学刊物影响最

① 包天笑：《钏影楼回忆录》，香港大华出版社1971年版，第391页。

大。在西方先进科技的影响下，报刊印刷行业的快速发展，同时市民阶层进行文化消费的场所也愈加普遍，如此种种都为“媚俗—商业范式”的建立和成熟提供了土壤和发展空间。

在商业运营的逻辑下，市民阶层和工商业阶层作为最大的文化消费群体，迎合他们的文艺偏好也成为了“媚俗—商业范式”的重要特征。就题材而言，除了一般所认为的传奇文学和才子佳人的情节之外，当革命与战争题材能够引爆市场的时候，在“媚俗—商业范式”的逻辑下也并不排斥这类题材。正如瞿骏先生在对1912年2、3月份的《申报》《民立报》进行考察后发现：

> 商家最关切的总是其商品的销路如何，当革命可以助其打开销路时，他们当然愿意与革命挂钩，但如果利用其他方式也可以更好地打开销路，二者不妨混合使用。像新汉印书馆出版的书籍中既有《江阴守城记》《嘉定屠城记》《扬州十日记》《江女革命》《孙文》《黎元洪》《黄兴》《秋瑾》等有关革命的书籍，但也有《北京第一贵妇风流福晋》《清宫秽史》、洋装《推背图说》《附详解铁板诗烧饼》等更符合下层群众阅读趣味的书，更有东洋美女出浴图，泰西裸体游戏图等不登大雅之堂，但却可能非常有市场的色情商品。[①]

可见，对于“媚俗—商业范式”而言，文艺创作者和文化商人所关注的重点并不在于写什么样的题材，而在于如何写才能够撬动文化市场的卖点，获得更大的经济收益。片面要求作品迎合市场需求，往往会牺牲作品的艺术属性，同时也失去了文艺审美的社会责任属性。也正因此，“媚俗—商业范式”在当时便招致了很多批评，也没有为文

① 瞿骏：《革命与生意——以辛亥革命时期的上海为例》，引自《近代中国城市与大众文化》，姜进、李德英主编，新星出版社2008年版，第284页。

艺界广泛认同。如当时的戏剧家陈大悲就非常严厉地批评道：

> 从前一班自称为“大文豪”的是些什么东西？捧坤角，填淫词，是他们的本行。他们见了新剧，脑袋就要疼了，因为他们所最痛恨的就是人生问题，而纯正新戏剧底惟一目的就是引起种种的人生问题。再下一等的更不用提了，胡乱涂一篇咬文嚼字的东西，自以为是剧本，把他送到新剧社里来，硬敲几块编戏钱去。[①]

虽然我们可以看到以“鸳鸯蝴蝶派”为代表的“媚俗—商业范式”中也存在源于传统文化的教化功能，但是这毕竟不是其根本目的。“媚俗—商业范式”的本质是在商业社会的文化市场中获得最大利益，那么市场和读者的需要便成为了其艺术生产的指向标。在这样的创作观念指引下，“媚俗—商业范式”丧失了传统的“经典—人文范式”对于知识分子的道德要求，也在很大程度上丧失了文艺审美的社会功能。

20世纪上半叶发展成熟的“媚俗—商业范式”是在西方现代经济发展模式影响下的产物。资本主义经济发展让文艺作品获得了换取财富的文化市场，也让文学家和艺术家获得了通过文艺创作谋生的手段。在这样的条件下，以文艺创作和文化市场运营为职业的专业艺术家群体和文化商人群体不断扩大起来。但是迎合商业发展逻辑，以读者的审美偏好为创作准则的“媚俗—商业范式”，也同时将文艺的艺术价值和社会功用放在了次要的位置，这在具有更高社会责任感的知识分子看来无疑是庸俗的，甚至是不堪忍受的。

在更多的先进知识分子看来，文艺作品不应沦为盈利的工具，而是应当充分发挥其社会价值，通过文艺审美实现民族振兴；因为对如

---

① 陈大悲：《演剧人的责任是什么？》，《戏剧》1921年第1卷第1期，第13—18页。

何实现民族振兴的理解和选择的路径不同，当时的知识分子在思想上不断分化，逐渐形成了两种不同的文艺审美范式，即“美育—启蒙范式”和“革命—救亡范式”。

二、“美育—启蒙范式”的兴衰与流变

20世纪初逐渐兴起的“美育—启蒙范式”，在民族危机的时代背景下逐渐走向成熟。很多知识分子试图通过美育的方式对民众进行启蒙，从而全面改造国民性，实现社会的发展和进步。在当时的很多知识分子看来，“美育”是实现“启蒙”的重要手段，也在当时明确地区分了美育与德育、智育、群育、体育等教育手段的区别。[①]如李石岑所言：“美育发端于美的刺激，而大成于美的人生，中经德智体群诸育，以达美的人生之路。[②]”

“美育—启蒙范式”一方面建立在对西方现代社会学习的基础上，但同时也同样有着对西方现代社会种种问题的反思。因此“美育—启蒙范式”便已然有着自主探索现代化道路的意识，试图寻找到一条超越中西二元对立的现代化发展道路。

王国维在1904年出版了《〈红楼梦〉评论》一书，在《〈红楼梦〉批评》一书中，王国维的思想直接地表现出叔本华悲观主义的影响。在书中，王国维明确地指出人生的悲剧性：

> 生活之本质何？“欲”而已矣。欲之为性无厌，而其原生于不足。不足之状态，苦痛是也。既偿一欲，则此欲以终。然欲之被偿者一，而不偿者什百。一欲既终，他欲随之。故究竟之慰藉，终不可得也。即使吾人之欲悉偿，而更无所欲

① 李石岑：《美育之原理》，转引自李健、周计武主编《艺术理论基本文献——中国近现代卷》，生活·读书·新知三联书店2014年版，第29—35页。

② 李石岑：《美育之原理》，转引自李健、周计武主编《艺术理论基本文献——中国近现代卷》，生活·读书·新知三联书店2014年版，第35页。

之对象，倦厌之情即起而乘之。于是吾人自己之生活，若负之不胜其重。故人生者，如钟表之摆，实往复于苦痛与倦厌之间者也……[①]

在王国维看来，人生由欲望构成，若欲望不得满足则痛苦，若欲望获得满足则厌倦，故而人生充满了悲剧性。正是因为人生充满了痛苦，而文学艺术正能够给人生之痛苦以慰藉，并找出人生痛苦的出路，王国维由此肯定了文学艺术的价值：

> 呜呼，宇宙一生活之欲而已！而此生活之欲之罪过，即以生活之苦痛罚之：此即宇宙之永远的正义也。自犯罪，自加罚，自忏悔，自解脱。美术之务，在描写人生之苦痛与其解脱之道，而使吾侪冯生之徒，于此桎梏之世界中，离此生活之欲之争斗，而得其暂时之平和，此一切美术之目的也。[②]

王国维作为中国美学发展的关键开创者，显然已经受到了西方现代主义思想的深刻影响，王国维对审美的提倡，便是寄希望于以审美的方式解决人生命题，从而获得个人心灵的解脱和生命的解放。美育之所以能达到如此目的，便在于审美的无功利性，如王国维所言："美之为物，不关于吾人之利害者也。吾人观美时，亦不知有一己之利害。[③]"通过"美育"的手段，便可以达到"无希望，无恐怖，无内界之争斗，无利无害，无人无我，不随绳墨而自合于道德之法则"[④]的启

① 王国维：《〈红楼梦〉评论》，转引自姚淦铭、王燕编《王国维文集》（第一卷），中国文史出版社1997年版，第2页。

② 王国维：《〈红楼梦〉评论》，转引自姚淦铭、王燕编《王国维文集》（第一卷），中国文史出版社1997年版，第9页。

③ 王国维：《孔子之美育主义》，转引自姚淦铭、王燕编《王国维文集》（第三卷），中国文史出版社，1997年版，第155页。

④ 王国维：《孔子之美育主义》，转引自姚淦铭、王燕编《王国维文集》（第三卷），中国文史出版社，1997年版，第157页。

蒙群众的目的。

时任北大校长蔡元培的则更是“审美—启蒙范式”的直接倡导者，他曾在北京神州学会发表了一个影响极大的演讲——《以美育代宗教》，在蔡元培看来，中国缺少宗教信仰，很难解答诸如“生自何来？死往何去？”[①]等人生问题，而人又具有自私自利、恃强凌弱的本性，为了在中国国民中培养“利他主义”，蔡元培认为需要选择“美育”作为手段，蔡元培称：

> 纯粹之美育，所以陶养吾人之感情，使有高尚纯洁之习惯，而使人我之见、损人利己之思念，以渐消沮者也。盖以美为普遍性，决无人我差别之见能参入其中。[②]

通过对全民的“美育”，实现“破人我之见，去利害得失之计较”并“陶养性灵”“日进于高尚”[③]，蔡元培试图以鼓吹“美育”的方式，推动中国社会的群众具备现代公民所应有的素质。这样的目标和诉求恰恰是五四“启蒙”的追求所在。以王国维、蔡元培为代表的“美育—启蒙范式”寄希望于以“审美”的“无功利性”实现国民启蒙的目的，这种方式产生效果无疑是间接而缓慢的，而随着民族危机的不断加深，“美育—启蒙范式”也就越来越显得不合时宜。

---

① 蔡元培：《以美育代宗教——在北京神州学会演讲》，转引自李健、周计武主编《艺术理论基本文献——中国近现代卷》，生活·读书·新知三联书店2014年版，第8页。

② 蔡元培：《以美育代宗教——在北京神州学会演讲》，转引自李健、周计武主编《艺术理论基本文献——中国近现代卷》，生活·读书·新知三联书店2014年版，第9页。

③ 蔡元培：《以美育代宗教——在北京神州学会演讲》，转引自李健、周计武主编《艺术理论基本文献——中国近现代卷》，生活·读书·新知三联书店2014年版，第10页。

三、“革命—救亡范式”对“美育—启蒙范式”的继承与发展

在继而出现和发展的文艺审美“革命—救亡范式”中，“为人生而艺术”成为了当时文艺工作者的主流思潮，在“革命—救亡范式”中，艺术理所应当地为国家、民族、政治服务，鲁迅先生在小说、杂文中便表现出了从“美育—启蒙范式”转向“革命—救亡范式”的倾向，他在1923年出版的《呐喊》一书《自序》中便写道：

> 假如一间铁屋子，是绝无窗户而万难破毁的，里面有许多熟睡的人们，不久都要死了，然而是从昏睡入死灭，并不感到就死的悲哀。现在你大声嚷起来，惊起了较为清醒的几个人，使这不幸的少数者来受无可挽救的临终的苦楚，你倒以为对得起他们么？然而几个人既然起来，你不能说决没有毁坏这铁屋的希望。[①]

从鲁迅的文辞中，我们仍旧可以看到其启蒙民众的期望，但是其方式已经由“美育—启蒙范式”的“无功利”的审美教育转变为更为激烈的、批判性的文艺形态的呼唤。在鲁迅先生的文学作品中，读者更容易受到强烈的情感冲击，通过这样一种激烈的方式，“审美—启蒙范式”逐渐由个人的、无功利的、审美的文艺审美规定性走向一种民族的、激烈的、革命的审美范式。基于民族危机的严峻性，当时的很多知识分子对“审美—启蒙范式”基于个人和无功利的审美教育的方式提出了尖刻的批评，如何畏在文章中写道：

> 群小的自我无论如何激烈，如何猖狂，竟无可如何这死样的权威，他们不过在永远的偶像之下侮辱了自己，而把侮辱自己的为自己的艺术，为自己的独创，仅仅满足那个人主

① 鲁迅：《呐喊》，中央编译出版社2012年版，引文见该书自序，第Ⅷ页。

义的艺术良心而已。[①]

黄药眠、成仿吾都在文章中对“美育—启蒙范式”基于个人的无功利审美启蒙提出了批判。黄药眠认为“凡是稍有志气的青年都会感觉到伟大的时代已摆在我们的面前，而且都会愿意同被压迫的民众紧抱在一起，体验出他那种集体的精神来发抒出灿烂的文学。[②]”成仿吾更是宣称道：

> 现在，晨鸡已经高鸣，东天已经薄明，已是我们应该恢复意识——社会意识的时候。我们不再为人类中的畸形儿，不再为闲游的同伴者；也不再以过敏的神经纤微的感觉来涂改自然与人类的原形，我们要同感于全人类的真挚的感情而为他们的忠实的歌者。[③]

从“美育—启蒙范式”到“革命—救亡范式”，无疑经历了一个时间性的转变，这种转变和分化是在中国民族危机不断加深的外部干预下自觉形成的。面对日益加深的民族危机，各种形式的革命救亡活动在全社会展开，革命所要求的集体主义也在文艺中体现出来。文艺界更是主动以文艺创作的方式为凝聚革命群体、鼓舞革命斗志而努力，那么，一种集体主义的，表现更广大民众的关切与呼声的文艺形式呼之欲出。而“美育—启蒙范式”对国民的启蒙无疑显得过于迂回而缓慢，无法直接地解决中国当时所面临的问题，而“无功利”的审美教育，在当时革命和战争的条件下也显得不合时宜。20世纪30年代

---

① 何畏：《论个人主义艺术的灭亡》，转引自杨念群《五四的另一面——“社会”观念的形成与新型组织的诞生》，上海人民出版社2018年版，第174页。

② 黄药眠：《非个人主义的文学》，转引自杨念群《五四的另一面——“社会”观念的形成与新型组织的诞生》，上海人民出版社2018年版，第176页。

③ 成仿吾：《文学家与个人主义》，转引自杨念群《五四的另一面——“社会”观念的形成与新型组织的诞生》，上海人民出版社2018年版，第175页。

之后，文艺界审美范式的主流由“美育—启蒙范式”逐渐转变为“革命—救亡范式”。在当时的一位文艺工作者看来：“从‘五四’运动到现在，很有些从事文学的人，把文学的意义和价值，大约的厘定一番，作品的重心，描写的对象，都渐渐趋向社会化，全民化了。”[①]而对于直接投身革命斗争中的很多艺术家来说，在文艺审美领域主动地加入革命，展开政治动员，不仅成为他们主动追求的文艺主张，同时也成为了他们展开革命斗争的工作任务。巴人在1939年发表文章，直接宣传要在文艺领域广泛建立统一战线，为抗战服务：

> 在今天，我们要在文艺领域展开反个人主义的斗争，首先必须坚信文艺运动与政治动员相配合，否则就会被现实抛弃，其次必须在抗战第一原则下广泛地建立文艺界的统一战线，使每一个作家，在集团行动下贡献其所优长的，为抗战服务。[②]

在民族危机的外部环境下，文艺界在20世纪上半叶一直努力寻找一条以文艺审美实现民族复兴的道路，努力确立一条适应于救亡图存和现代化建设的审美范式，这种探索逐渐从“美育—启蒙范式”转变为“革命—救亡范式”。对于中国的现代化道路而言，“美育—启蒙范式”试图以国民审美塑造的方式更适应于中国的现代化需要，但是在20世纪30年代的抗战时期，却因为不合时宜而受到了广泛的批评。如杨念群先生所言：

> 到了抗战时期，“文学”中的自我表达已经更加无法和救国的群体目标相脱离，文学艺术界也已无法在超越国家现实

---

① 淑美：《从非个人主义的文学谈到文人的“行”的问题》，《汉江思潮》1935年第3卷第2期，第81页。

② 巴人：《展开文艺领域中反个人主义斗争》，《文艺阵地》1939年第3卷第1期，第816页。

危机的层面谈论个体创作的得失，或者纠缠于文学表达形式和审美风格的选择等专门问题。当时的历史氛围是，如果谁仍然执拗地单纯从“自我”出发谈论“个人”价值，往往被视为不识时务，再严重点则会被舆论当作“政治不正确”的典型加以批判。[①]

四、“经典—人文范式”的衰落与坚守

在“媚俗—商业范式”“美育—启蒙范式”“革命—救亡范式”等新型范式逐渐建立、转迁和分化的过程中，传统文艺审美的“经典—人文范式”却并没有彻底地消亡。在文艺界中，传统的“经典—人文范式”仍有遗存，这种遗存一方面基于中国传统文艺范式的惯性，而另一方面也是基于对西方文化渗透进中国的担忧。对中国传统“经典—人文”文艺审美范式的坚守，也内在地包含着以中国对抗西方，以对中国传统的坚定维护来实现中国民族自信心重建的潜在心理需求。

黄宾虹在自己的艺术创作中始终坚守“经典—人文范式”，以古人、造化为师，坚信“法者，古今授受不易之道”[②]，维护着经典传承的笔墨程式和其中寄托的人文精神。但黄宾虹对当时滚滚而来的时代潮流并非无知无觉，而是在维护中国传统文艺审美范式的立场上对时代潮流进行反思，他写道：“彼盲昧者，徒惊其妖冶，诧为雄奇，堕五里雾中，沉九泉下，而不之悟，皆误认究本寻源为复古，用夷变夏为识时。[③]”尽管身处变革和发展的时代潮流之中，黄宾虹依旧不为所

---

① 杨念群：《五四的另一面——“社会”观念的形成与新型组织的诞生》，上海人民出版社2018年版，第179页。

② 黄宾虹：《怎样才是一张好画》，转引自李健、周计武主编《艺术理论基本文献——中国近现代卷》，生活·读书·新知三联书店2014年版，第110页。

③ 黄宾虹：《怎样才是一张好画》，转引自《艺术理论基本文献——中国近现代卷》，生活·读书·新知三联书店2014年版，第110—111页。

动，坚信要创作出优秀的绘画作品，须“多读古书，多看名画，更须多求贤师益友，以证其异同，使习工细者，不入于媚俗；学简易者，不流于犷悍，渐积日久，不期于美而美在其中。[①]”对待时代的风尚和潮流，则“自信有素，不欲为世俗所移”[②]，坚定地维护着中国传统的“经典—文人范式”所要求的审美观念与创作方法。

20世纪上半叶，文艺审美领域的“媚俗—商业范式”“美育—启蒙范式”“革命—救亡范式”，以及一直遗留下来的“经典—人文范式”，在时间的推进中既共生共存，又此消彼长。在民族危机深重的特殊历史时期中，新出现的审美范式不约而同地表现出“功利性”“创新性”“批判性”等特征，同时又在革命和战争的情境下转化为不同的规定性，形成了不同的审美范式。同时我们也看到，20世纪上半叶，在我国社会文化的现代化进程中，文艺审美范式先由传统的相对定于一尊，转变为多元并生并存的样态；复又在不断高涨的革命大潮中趋于一尊。这种渐趋一尊的发展态势在建国后一度得到强化，却终于在改革开放的时代浪潮中不断松动以至消融，重新呈现出“百花齐放”的文艺审美形态。也正是这种多元审美形态的回归，促成了“文艺美学”这一新兴学科的形成。当我们沿着时间的长河回溯“文艺美学”学科形成的学理依据与历史动因时，20世纪上半叶一度出现的文艺审美范式繁荣景象，就成为我国当代文艺审美范式多元发展的先声。

① 黄宾虹：《怎样才是一张好画》，转引自《艺术理论基本文献——中国近现代卷》，生活·读书·新知三联书店2014年版，第110页。

② 黄宾虹：《怎样才是一张好画》，转引自《艺术理论基本文献——中国近现代卷》，生活·读书·新知三联书店2014年版，第111页。

第五节　中国近现代文艺审美范式重构的走向与当代意义

从20世纪上半叶文艺审美范式转型与分化的过程来看，我们能够明确地感受到，政治、经济等社会因素给文艺审美范式转型带来的巨大影响。西方社会制度影响下的市场经济，让文艺作品转化为可以在市场上进行交换的商品，导致了以大众审美为手段，以经济效益为目标的“媚俗—商业”文艺审美范式的出现和发展。在民族危机日趋深重的社会背景下，“美育—启蒙范式”和“革命—救亡范式”也相继发展成熟；而随着革命斗争的深入，“革命—救亡范式”逐渐压倒“美育—启蒙范式”，在20世纪30年代之后逐渐成为中国文艺审美范式的主流。

中国近现代文艺审美范式的转向，无疑受到了社会变革的剧烈影响。20世纪上半叶文艺审美范式从传统“经典—人文范式”的崩坏，到“媚俗—商业范式”“美育—启蒙范式”和“革命—救亡范式”等一系列范式的建立和分化，实际上也呈现出中国社会转型和革命救亡的发展历程。

文艺审美范式在特定的文艺共同体的认同中建立并发展，但是文艺审美范式建立的过程并不总是那么简单明了、直截了当的，而常常是新旧杂糅、多元并存的。

20世纪上半叶中国文艺审美范式转变的过程为转型与分化，这种变化是在传统的“经典—人文范式”基础上的发展，在强烈的批判和否定中仍旧有着传统的深刻影响，也塑造了中国文艺审美现代化的独特路径。

“文艺审美范式”是在“文艺共同体”中被认可和接受的。范式形成之后，作为一种规范和约束，使这一“文艺共同体”的文艺创作与研究有着相同或相似的目标、方式，以及创作风格。当然，作为一种缺乏强制性规范的群体，“文艺共同体”的成员之间也会存在着某些观念的差别。我们对“文艺审美范式”的归纳和总结，实际上是对复杂的文艺现象的某种简化，从而发现在某一历史时期内某一“文艺共同体”的本质属性。因此，“文艺审美范式”的归纳和总结强调了这一“范式”最为本质的某些特征，而不过分强调其不同成员之间观念上的细微差别。文艺审美范式作为一种更为广泛意义上的文艺审美规范，在文艺共同体的审美认知中逐渐确立，又在确立之后反过来对文艺审美产生深刻的影响。

在对文艺审美范式转型和分化的研究中，我们着重强调了来自文艺界外部的社会政治、经济因素对文艺审美范式形成和发展的巨大影响。但我们也应当认识到，文艺审美范式的转型实际上也是文艺审美领域自律性发展的要求。中国传统的“经典—人文范式”在上千年发展的过程中逐渐成熟，也日益僵化，对于“经典”的过分强调在客观上阻碍着文艺的创新。当社会已然发生巨大变革的20世纪到来之时，文艺审美本身对于创新的要求也被提上日程，成为文艺审美范式转型的内在驱动力。

文艺审美范式的发展是有其自律性的，政治、经济等因素作为外力，仍需顺应文艺自身的发展规律。在民族危机日益深重的特定历史时期，政治主导的文艺思潮可能在一定时期内成为文艺审美范式外在规定性的主要影响力，但从长久的历史发展来看，文艺审美在社会影响下的自律性要求仍旧是文艺审美范式建立的基础。

时至今日，中国社会仍旧处于“现代化”的进程之中。中国的现代化进程既不是古代社会的延续，也不是对西方社会的简单模仿。中国要想实现真正意义上的“现代化”，既不能回到传统，也不能成为西方；当代中国需要与其他国家一道，共同探索新时代的现代化发展路径。体现在文艺审美领域，也同样如此。

第五章

20世纪上半叶文艺理论与美学理论体系的建构

20世纪上半叶的中国，社会关系和文化环境都极为复杂，因而也形成了诸多形态各异的文艺理论体系，体现了中国现代文艺理论学者群体在新的时代背景下对文艺本质、功能、创作、批评等多方面的努力探寻，正是这些基于不同观点和思路的努力，共同构成了中国20世纪上半叶文艺理论的“体系化”建构过程。

20世纪的中国，现代化进程与民族救亡运动相叠加，导致了多数时期国人对文艺社会功能的强调，远大于对文艺审美属性的重视。作为时代主题的“救亡”与“启蒙”，关心的都是社会现实问题，文艺的审美属性，多数时候只是工具性的存在。然而，21世纪的中国，处于和平时代的社会发展背景下，文学艺术的本性终于得以展现，文艺终于可以不再是社会变革的手段，可以不再是文化发展的代言者，而只是作为一种文化现象而存在。而当我们从这样的角度回望20世纪前半叶的文艺发展，就会明白彼时所为主流者，只是时代问题的压迫所致；压力之下的本性流露虽非主流，却可能是最有生命力的文艺传统之一。

风起于青蘋之末。从零星的文艺观点、散乱的文艺批评的出现，到文艺理论体系的建构，是一个极为漫长的过程。面对浩如烟海的现代文艺资料，我们显然不能仅仅停留在编年性的学术史料打捞阶段，也不应该将之简单地依附于抗日救亡的社会历史起伏线上。而应进一步追问：文艺思想变革之“风”起于何处？理论体系构建之“风”如何吹起？以及这种变化是如何从枝头微岚发展成漫天狂飙的。

本章将在20世纪上半叶中国社会文化转型的宏大历史背景下，以能够彰显理论体系建构过程的重要文艺学美学论著作为着眼点，辅之以对相关文艺作品、文艺现象、文艺事件的解读，由点到线、连线成面、连面成体，借此梳理20世纪上半叶中国文艺学美学理论“体系化”建构过程。

第一节 文艺学美学核心概念的形成与演变

兴起于20世纪80年代的“文艺美学”，实际上是作为文艺学的一个分支，融合了美学的研究视角，从而发展起来的。美学视角的融入，并非两个传统学科的偶然结合，而是文艺学借助美学视角，强化了其审美意识；文艺学的这种审美意识，也并非因为美学的融入才产生的，而是原本就有的，只是因为某些特殊原因被淡忘了而已。此所谓“原本”之源头，虽然也可以上溯至中国古代文论的某些传统，只是这一源头“原本”也不甚清晰；审美意识真正进入国人的文艺观念，成为我国文艺界关于文艺本质属性的共识，还是五四前后的事情。

王一川先生在《回到语言艺术原点——文艺美学的三次转向与当

前文学的间性特征》一文中认为，诞生于中国的文艺美学学科，在经历了40年的发展之后，出现了“语言艺术论转向”，并由此“重建一种语言艺术论范式，这意味着文艺美学需重新返回到文学作为语言艺术这个现代性的原点上去”。这是一种颇具穿透力的学术眼光，王一川先生所谓“文学作为语言艺术的现代性原点，是指清末以来来自欧洲的现代性体制把文学规定为一种语言的艺术，而这种语言的艺术又是与音乐、舞蹈、戏剧、美术等门类一道同属于以唤起人的美感为基本特征的‘美的艺术’范畴的。直到今天，我们仍在沿用这种现代性体制中的‘美的艺术’范畴去把握文学与其他艺术门类的共同特性，进而把握文学作为语言的艺术的个别特性。这正是今天重新反思文学的特性的现代性原点”[①]。王一川先生所谓文学作为语言艺术的“现代性原点”，其实也内在地包含了关于文艺理论体系建构的“现代性原点”，这一观点所呈现出来的基本史实和主要观点是：中国现代文艺理论体系出现于清末，其来源主要是“欧洲的现代性体制”；这一理论体系的核心概念之一是“艺术”，直译为“美的艺术”，清末民初一度称之为“美术”，包括今天所说的文学、音乐、舞蹈、戏剧、美术等具体门类，其共同特征是“唤起人的美感”；文学是以语言文字为载体的艺术门类，又是一种与社会发展联系最为密切的特殊艺术形式。这是一种极为宏阔的概述，极为准确地揭示出文艺理论在中国产生之初就已经形成的基本观念，但作为一种概述却未能进一步清晰地呈现这一“原点”形成的具体过程，以及其间存在的诸种复杂关系。当然，揭示这些过程与关系，并非王一川先生那篇宏文的必要内容；但王先生所述，恰可以启发我们由此回顾与此“原点”相关的各种概念的产生过程与其间复杂关系。

① 王一川：《回到语言艺术原点——文艺美学的三次转向与当前文学的间性特征》，《文学评论》2019年第2期。

所谓“文艺美学”，有人将其研究对象理解为“文学和艺术”，也有人认为“文艺美学”实际上就是“文学美学”，更多的人是以研究艺术现象的心态关注文学现象，也就是王一川先生所谓以“文”代“艺”之举。在他看来，包括他自己在内的文艺美学研究者的习惯做法是，“直接谈论的是文学或主要谈论的是文学，但却总自以为文学或多或少能代表其他艺术门类发声，而把文学这门语言艺术的独特性略等于各门艺术的普遍性”[①]，这的确是一种极为普遍的现象，也在某种程度上造成了“文艺美学”这一概念含义的模糊与混乱。正如本书第二章所分析过的，从渊源来看，我国古代所谓“文艺”指的主要是“作文的技艺”；建国后源自苏联的“文艺学”观念则是“文学科学”；于是今天所谓“文艺研究”，在多数语境中指的其实就是文学研究。然而，现代汉语中的“文艺”一词，指的却是“文学和艺术的总称”[②]，于是乎“文艺研究”自然指的就是关于“文学和艺术”的研究。既然观念上存在这样一种差异，我们不妨采取一种尊重“文艺美学”研究历史的态度：一方面，20世纪80年代初，胡经之先生提出建设“文艺美学”学科时，其研究眼光就是涵盖了文学与艺术的：“高等学校的文学、艺术系科的美学教学，不能只停留在讲授哲学美学原理，而应开拓和发展文艺美学”[③]；另一方面，正如王一川教授所指出的，文艺美学学科形成之后的大多数时间里，学者们关注的其实是“文学”作为“艺术”的特征，多数人的研究对象虽然还是文学现象，但关注点却不在传统的文学领域，而是试图推广到艺术领域。因此，从尊重“文艺美学”研究历史的角度看，文艺美学其实应该理

① 王一川：《回到语言艺术原点——文艺美学的三次转向与当前文学的间性特征》，《文学评论》2019年第2期。

② 中国社会科学院语言研究所词典编辑室：《现代汉语词典（修订本）》商务印书馆1996年版，第1319页。

③ 胡经之：《文艺美学及文化美学》，复旦大学出版社2016年版，第3页。

解为关于文学艺术现象的审美研究，其核心概念即是“艺术”与“文学”。虽然这两个名词古已有之，但其在现代汉语中的含义与其古代含义却已迥然不同；造成这种古今差异的原因，即是西方文化的影响。或曰，中国传统文化与西方外来文化是中国现代文化发展的两个重要的“母胎”，是有些道理的。[①]不过，这两个“母胎”产生的作用并不一样：中国现代文化的很多观念均来自西方，但却并非毫无保留地照搬照抄；而是有所选择、有所改变；中国传统文化正是促成这种选择与改变的主要因素。

一、从“美术”到“艺术”

正如王一川先生所分析的，当代中国学术界的文艺理论体系，肇始于清代末年，其来源则是“欧洲的现代性体制”。王一川教授认为，“巴多的五种艺术分类概念与后来康德的审美无功利说及黑格尔的艺术美观念等交融到一起，就形成了完整的现代性体制下的艺术门类观念：艺术是专门满足人的审美感受的美的艺术，而审美是艺术的根本属性。这样的现代性艺术观念在清末民初陆续传入中国时，曾引发了鲁迅等现代知识分子的积极响应”[②]。此言不虚，惜乎语焉不详。这里有两个问题需要说明：首先，艺术观念如何传入中国？其次，这一始自外来却终成主流的“艺术”概念与中西文艺理论传统之间存在什么样的关系？

① 王德胜、潘黎勇：《“借思想文化以解决问题”——中国现代美学的一种逻辑范式》，《文学评论》2009年第4期。

② 王一川：《回到语言艺术原点——文艺美学的三次转向与当前文学的间性特征》，《文学评论》2019年第2期。

（一）源自西方的“美术”概念

清末民初诸多关于文学艺术的评论文章，使用的核心概念都是“美术”。从王国维、周树人到蔡元培等著名学者，五四之前的文艺论文使用的基本上都是“美术”一词。

在中国文艺理论发展历史上，“美术”是一个颇为耐人寻味的概念。首先需要说明的是，中国古代并没有这一概念。在以详尽收录我国古代语词著称的《辞源》中，并没有“美术”一词；据1988年版《辞源》“出版说明”介绍，《辞源》“收词一般止于鸦片战争（公元1840年）”[①]，据此可以推定，“美术”应该没有在中国古代典籍中出现过；其在学术界被广泛运用主要是鸦片战争以来的事情。依笔者所见，19世纪末金天羽《文学上之美术观》一文，应该是较早使用“美术”一词者。文章开篇即云“余尝以为世界之有文学，所以表人心之美术者也”；然后文章又将“美术”之性质区分为两种：“其第一之效用，固在表其心之感，其第二之效用，则以其感之美，将骊乎物之美以传”。由此可以看出，金氏之文学观，是认为文学从属于美术的，而美术之性质有二：一是表达情感，二是传达美感。文学之外，金氏文中提及的“美术”门类还有“金石”与“音乐”，文章认为“且夫历劫而久者，金石（碑铭之类）之所以贵；风动而远者，音乐之所以神，神且贵则美术之冠矣”。当然，金氏在此文中论及“美术”，目的还是要说明文学的艺术属性。“文之精焉，以美术之心，寓乎美术之用而著”。在他看来，最好的文学作品，一定是要符合“美术”特征的。[②]

---

①《辞源》，商务印书馆1988年版，第1页。

② 金天羽：《文学上之美术观》，原为民国十六年铅印本《天放楼文言》附录，转引自王运熙主编《中国文论选》近代卷（下），江苏文艺出版社1996年版，第367—368页。据编者说明，金氏此文发表于1905年《国粹学报》，具体写作时间约与他写作《余之文学观》时间相当；而据编者对《余之文学观》一文的说明，该文为金氏“弱冠时所作”，并推知约写于1893年。由此，《文学上之美术观》一文也大致完成于19世纪末。

金天羽在19世纪末的“文学观”与“美术观”，与前文所引王一川先生所概括的、来自西方的文学艺术观念基本上是一致的，而已经与中国固有之文学艺术观大异其趣。由此可以推知，19世纪末，来自西方的文学艺术理论已经对我国学术界产生了重大影响。至于西方文艺理论以何种具体途径传来，是西方人来华传播，还是中国学者游学得来，抑或是辗转由日本传入，说法不一，尚有待文献佐证释疑。

20世纪最初的十年，“美术”基本成为“艺术”一词最常用的说法。王国维先生关于文学与艺术的几篇研究论文中，便经常出现“美术”一词，间或也使用“艺术”一词，大致可以认为是我国现代文艺理论之核心概念从“美术”向“艺术”过渡时期的开端。

1904年，王国维发表《〈红楼梦〉评论》，开创以西方文艺理论评论中国古典名著之先河。文章认为，“美术中以诗歌、戏曲、小说为其顶点，以其目的在描写人生故”。这段话信息量很大，首先，王国维此所谓“美术”，是包括诗歌、戏曲、小说在内的一个总称，但又不是“文学”，“文学”也是王国维这段时期常用的一个概念。显然，这里的“美术”，指的是包括“文学”在内的“艺术”。其次，传统文学观念中，“戏曲、小说”是难登大雅之堂的，其重要性远远不能与诗、文相比。而在这段话中，王国维不仅将其与诗歌并列，且以为是各门类艺术之“顶点”，观念与梁启超的“小说界革命”较为接近，显然也是不同于古代文论传统的现代文艺观念的。《〈红楼梦〉评论》中还涉及“美术”的内容、功能与特征，关于“美术”的内容与功能，王国维认为：“美术（艺术）之务，在描写人生之苦难与其解脱之道，而使吾侪冯生之徒，于此桎梏之世界中，离此生活之欲之争斗，而得其暂时之平和，此一切美术之目的也”，这也是王国维先生认为“诗歌、戏曲、小说”是诸艺术门类之“顶点”，文章自云“以其目的在描写人生故”也。至于“美术”之特征，王国维认为，“美术之为物，欲者不观，观者不欲；而艺术之美所以优于自然之美者，全在于使人易忘物我之关系也”[①]。无欲即无求，无求即无目的，这种艺术观显然是泊自西方的，尤其是康德、叔本华之说，与中国传统的“经世致用”观念确已大异其趣。尤为值得注意的是，王国维在这段话里已经明确使用了“艺术”一词，认为“艺术”之美所以优于自然之美。依笔者所见，这也是晚清学人较早使用“艺术”一词的重要例证之一。

此后，在作于1907年的《古雅之在美学上之位置》一文中，王国维依然没有任何差别地同时使用“美术”和“艺术”，只是使用“艺术”一词的次数显著增加。文章反复强调了其“古雅之致存于艺术而不存于自然”之说，审美观念趋于古典，学术体系则依然服膺西学。

系统梳理西来“美术”观并撰文见诸报端的，是鲁迅先生发表于1913年的《儗播布美术意见书》一文。当时鲁迅先生还在民国政府任职，担任教育部佥事兼第一科科长，主管的就是博物馆、图书馆、文学与美术等工作，“播布”美术应当是其分内之事，他所撰写并发表的关于“美术”的观点，在社会上是具有一定代表性的。文章开篇即云:“美术为词，中国古所不道，此之所用，译自英之爱忒（art or fine art）”[②]，说明“美术”这一概念的来源为art或者fine art，现代汉语通译作“艺术”。文章论及“美术”的要素、类别、目的、功能，以及播布之方。鲁迅发表此文之时，正值民国初建，百废待兴，不惟社会制度、社会道德等需要重建，文化艺术之属尽在重建之列；彼时鲁迅一方面作为政府官员，一方面作为留洋归来的学者，他的观点既代表了学术界的一般意见，也代表着政府文化建设的某些主张，虽然因为局势动荡，这些主张实际上也没有多少推行的实践机会。

① 王国维:《〈红楼梦〉评论》,《王国维文集》第一卷，姚淦铭、王燕编，中国文史出版社1997年版，第9、4页。

② 鲁迅:《儗播布美术意见书》，转引自《鲁迅著译编年全集（贰）》，人民出版社2009年版，第104—105页。

（二）源自传统的“艺术”概念

清末民初，与“美术”一语在学术界的流行差不多同时，“艺术”一词也逐渐出现，并显示出越来越强大的生命力。如前所说，王国维先生在发表于1904年的《〈红楼梦〉评论》中，已经使用了“艺术”一词；在作于1907年的《古雅之在美学上之位置》一文中，虽然依然混用“美术”和“艺术”两个概念，但使用“艺术”一词的次数已经远远多于“美术”一词，由此约略可以看出“艺术”一词在当时学术界的接受度已经越来越高。

与“美术”概念完全译自西方不同，“艺术”一词古已有之，只是含义古今有别。民国之后逐渐取代“美术”概念的“艺术”概念，一方面继承了传统文论的某些观点，但其内涵主要还是源自西方的文艺观。

与现代汉语的大多数双音词或者多音词一样，古代典籍中虽有“艺术”一词，其含义与现代汉语之“艺术”也并不完全相同，只是存在某些相似之处而已。事实上，古代汉语中的“艺术”，与组成该词的两个单音词“艺”、“术”之间的关系更为密切。

据《说文解字》，“艺”写作“埶”，“种也”，指的是种植；“术”写作“術”，“邑中道也”，指的是城邑中的道路。[①]“种植”是重要的农业技术，所以后来“艺”泛指“技术”，孔子所谓“游于艺”，指的就是游憩于“礼、乐、射、御、书、数”六种技能之中；[②]“道路”是实现目的之方法，所以“術”后来泛指“方法”，《孟子》所谓“教亦多术”，指的就是“教育也有很多方式”[③]。“技能”与“方法”既有联系，也有区别。《礼记·乡饮酒义》：“古之学术道者，将以得身也，

①（汉）许慎：《说文解字》，中华书局1963年版，第63、44页。

② 杨伯峻：《论语译注》，中华书局1980年版，第67页。

③ 杨伯峻：《孟子译注》，中华书局1960年版，第300页。

是故圣人务焉”。[①]郑康成注曰：“术，犹艺也”[②]，可见二者含义之接近；唐代李贤等注《后汉书》云：“蓺谓书、数、射、御，术谓医、方、卜、筮”[③]，又可见出二者之差异。从共通之处看，二者均与技巧相关，而无关审美。

古代典籍中偶尔会有“艺术”连用的情形，比如唐人房玄龄等人合著的《晋书》中，就有专门的“艺术传”。但《晋书》所谓“艺术”，基本上是李贤等所说的“术”，带有极强的“巫术”色彩，并无任何审美含义。《晋书·艺术传》序云：“艺术之兴，由来尚矣。先王以是决犹豫，定吉凶，审存亡，省祸福……详观众术，抑惟小道，弃之如或可惜，存之又恐不经。[④]”由此可见古人所谓“艺术”，无论其内涵、属性，还是社会地位，均与现代人所说的“艺术”迥然不同。

按鲁迅先生的说法，中国直到魏晋时期（公元3—6世纪）才开始将文学艺术作为一种特殊的审美活动来对待，在《魏晋风度及文章与药及酒之关系》中，鲁迅先生曾称这个时期为“文学的自觉时代”：“丕著有《典论》，现已失散无全本，那里面说：‘诗赋欲丽’，‘文以气为主’。……用近代的文学眼光来看，曹丕的一个时代可说是‘文学的自觉时代’，或如近代所说是为艺术而艺术（Art for Art’s Sake）的一派。[⑤]”

鲁迅先生所谓“文学的自觉时代”与“为艺术而艺术（Art for Art’s Sake）”云者，其中的“文学”“艺术”均非古代词汇，已经全然是现代的学术概念了。“艺术”一词的现代含义，最初由直接从英文“fine art”意译过来“美术”一词承接，嗣后逐渐为更具传统文化色彩

① 王文锦：《礼记译解》，中华书局2001年版，第922页。
②《辞源》，商务印书馆1988年版，第1525页。
③（南朝宋）范晔：《后汉书》卷二十六，李贤等注，中华书局1965年版，第898页。
④《辞源》，商务印书馆1988年版，第1484页。
⑤ 鲁迅：《而已集》，人民文学出版社1973年版，第83—84页。

的“艺术”一词取代。

于是，现代学术意义上的“艺术”概念，就这样既承续着传统意蕴，也接纳了西方现代学术内涵，成为一个最适合表达“专门满足人的审美感受的美的艺术”（王一川语）这样一个现代性学术概念。

二、从“文章”到“文学”

1919年，时任北京大学中国文学系主任的朱希祖，在《北京大学月刊》发表《文学论》一文，倡言“文学独立”，并从文学须有“独立之资格、极深之基础、巨大之作用、美妙之精神”四个方面，阐明“文学”应有的基本特征。有学者认为，“‘文学’之名得到系统宣示，西来内涵进入体制，形塑百年来现代文学文化，当以朱希祖发表在《北京大学月刊》1919年第1卷第1号的论文《文学论》为标志。”[①]良有以也。

并非朱希祖此文发表前，国内便无人在现代意义上使用“文学”一词，但朱氏的特殊身份，使得其主张产生了更大的影响，从而在更广大的范围内，推动了现代意义上的“文学”概念，得以被中国学术界所普遍接受。此所谓朱氏的特殊身份，并非指其担任的北京大学中国文学系主任一职，而是他作为国学大师章太炎的弟子，却反出师门，转而支持现代学术观念的“文学革命”。按照朱希祖自己的说法，“一年以来，吾国士大夫有倡言文学革命者；鄙人独倡言文学独立。革命者，破坏之事；独立者，建立之事。互相为用，盖有不可偏废者焉。[②]”如果说，五四时期的陈独秀、胡适之诸位先生所做的主要工作，就在于清初传统文学观念之影响；朱希祖等人要做的，就是导入西来之文艺观念，借以树立中国现代文艺观。诚如朱氏所言，他所要

① 陈雪虎：《中国早期现代“文学”名义试探：由朱希祖回溯周氏兄弟》，《文艺理论研究》2016年第4期。

② 朱希祖：《文学论》，《北京大学月刊》1919年第1卷第1期。

做的，还不仅仅是打破乃师所坚持的以“文章”为“文学”观念，更要确立以审美为核心的现代“文学”概念。

这里有两个问题需要做一些说明。首先，朱氏借西来学术观念确立现代“文学”概念，但并非说现代中国的“文学”概念之形成与我国传统文艺观念没有渊源关系；事实上，现代中国“文学”观念的发展方向，更大程度上是在中国传统文艺观念的影响之下形成的。西来观念只是个引子，具体选择还是民族文化在起作用。其次，现代中国的“文学”概念，由朱希祖引发，遂产生较大社会影响，使现代文学概念得以进入“体制”，成为20世纪以来中国“文艺共同体”之共识。但这并不是说，朱希祖是第一个在现代意义上使用“文学”一词者，据文献所载，至少在朱希祖发表《文学论》二十年前，就已经有人在现代学术意义上使用“文学”一词了。

（一）“文章”与“文学”

朱希祖发表《文学论》，目的在于阐明文学之独立地位。在他看来，“凡学术莫不由浑而趋于析；吾国学术，则浑而未析者多矣。故论文学，必包络一切著于竹帛者而为言：凡无句读文如图画，表谱，簿录，算草；有句读文如赋颂，哀诔，箴铭，占繇，古今体诗，词曲之有韵文；学说，历史，公牍，典章，杂文，小说之无韵文；皆得称为文学。[①]”对照乃师章太炎《国故论衡·文学总略》之说，可见朱氏所反对的，恰恰是章太炎所主张的。民国初年，反出师门是需要一些勇气的。

《国故论衡·文学总略》中，章太炎提出了其著名的广义“文学”观：“文学者，以有文字著于竹帛，故谓之文；论其法式，谓之文学”；这样一种“文学”观所包括的范围是非常广泛的：“凡云文者，包络一

① 朱希祖：《文学论》，《北京大学月刊》1919年第1卷第1期。

切著于竹帛者而为言，故有成句读文，有不成句读文。兼此二事，通谓之文。”[1]从标准看，这是一种典型的以“文字”为准的文学观；从范围看，可以包罗古来一切学术。难怪朱希祖由此得出结论说，“准此，则吾国一切学术，皆可以文学包之；反言之，则吾国仅有文学而无他学。”[2]

显然，朱希祖所要建立的，就是强调文学独立品格的现代文学观；相比较而言，这也是一种狭义的文学观；为此，他所要反对的，就是以乃师章太炎的理解为代表的传统的、广义的文学观。根据章太炎自己的说法，他的这种广义文学观确是以“文字”为准的：“是故榷论文学，以文字为准，不以彣彰为准”。以文字为准，则必有文章，但“文章”不是“彣彰”，其中正透露出现代“文学”概念与传统文学观念的异同之处。

为了更准确的阐明“文学”概念，章太炎在《国故论衡·文学总略》中区分了“文章”与“彣彰”“学说”与“文辞”两对概念。这两对概念均源出传统，而又与现代文学概念关系至为密切。鉴于章太炎及其门人弟子对中国现代学术建立的重要性，我们有必要在这里对其“文学”观念做一些详细的梳理。

章氏“以有文字著于竹帛，故谓之文；论其法式，谓之文学”之说，将其“文学”研究的范围扩大到整个中国古代学术史。因而，其所谓“文学”，实际上就是现代意义上的“学术”。谈“文学”，离不开“文章”。章氏认为，“凡文理、文学、文辞，皆称文”，“作乐有阕，施之笔札，谓之章”。“文”之范围很广，但均与“礼”有关：“盖君臣、朝廷、尊卑、贵贱之序，车舆、衣服、宫室、饮食、嫁娶、丧祭之

① 章太炎：《国故论衡·文学总略》，转引自王运熙主编《中国文论选》近代卷（下），江苏文艺出版社1996年版，第228、232页。本章引文出自章氏《国故论衡·文学总略》者，悉引自《中国文论选》一书，不再一一注明。

② 朱希祖：《文学论》，载《北京大学月刊》1919年第1卷第1期。

分，谓之文”；“章”则与音乐关系密切：“八风从律，百度得数，谓之章”。故章氏认为：“文章者，礼乐之殊称也”。由此可见，在章太炎的思想中，“文章”是比“文学”更深广的概念。

“彣彰”则不然。章氏引《说文》云，“彣，㦸也”，“彰，文彰也”；故“独以五彩彰施五色，有言黻、言黼、言文、言章者，宜作彣彰”。由此可知，彣彰指的是形式华丽的文字，而不必有深刻的内容，因而与“文章”含义有别：“夫命其形质曰文，状其华美曰彣，指其起止曰章，道其素绚曰彰，凡彣者必皆成文，凡成文者不皆彣”，其说与孔子“有德者必有言，有言者不必有德”[①]之说基本是一致的。

然而，古人造“彣彰”一词，其目的应当就在于表明有些文字是有文采的，至于是否能够欣赏，要看不同人的主张。段玉裁《说文解字注》：“有部‘㦸，有彣彰也。’是则有彣彰谓之彣，彣与文义别。凡言文章，皆当作彣彰。作文章者，省也。文训遣画，与彣义别”[②]。段氏的意见，显然是认为文章应当是有文采的。孔子所谓“言之无文，行而不远”[③]，一般的理解也是说话要有文采，否则无法产生大的影响。[④]这种观点与章太炎的看法是相左的，章氏认为，孔子所谓“言之无文，行而不远”，“盖谓不能举典礼，非苟欲润色也”。从《左传·襄公二十五年》所引孔子之言一段看，孔子在“言之无文，行而不远”之后接着说，“晋为伯，郑入陈，非文辞不为功。慎辞也！”[⑤]孔子之

---

① 杨伯峻：《论语译注》，中华书局1980年版，第146页。

② 段玉裁：《说文解字注》，转引自王运熙主编《中国文论选》近代卷（下），江苏文艺出版社1996年版，第237页。

③《左传·襄公二十五年》，转引自杨伯峻编著《春秋左氏传》，中华书局1990年版，第1106页。

④“言之无文，行而不远”，沈玉成先生译为“说话没有文采，不能到达远方”，可以代表学术界多数人的理解。参见沈玉成《左传译文》，中华书局1981年版，第329页。

⑤《左传·襄公二十五年》，转引自杨伯峻编著《春秋左氏传》，中华书局1990年版，第1106页。

意，应当是在强调文辞的影响力，按照一般的看法，这种影响力主要来自感染力，由此文辞也就需要有文采。章氏应当也知道自己的说法只是一种推测，所以用了“盖谓”之说；而且，他当然也是知道段玉裁之说与自己的观点不同，所以他在《国故论衡·文学总略》中说明“或谓文章当作彣彰，则异议自此起”。

综上，章太炎认同中国古代“彣彰”一词指的是形式华丽的文字，即他所谓“华叶之语”；但他认为这不是“文章”本义，文章本意在于其所蕴含的内容，故有“文章者，礼乐之殊称也”之说。这与他坚持“榷论文学，以文字为准”的主张也是一致的。

而朱希祖《文学论》所反对的，也恰恰是乃师章太炎的这一主张。《文学论》开篇就提出“吾国之论文学者，往往以文字为准，骈散有争，文辞有争，皆不离乎此域”[①]。朱氏反对此说的理论根据本自西学，目的就在强调“文学”的独立资格。作为朱氏理论根据的来源，《文学论》援引英国哲学家培根以及日本学者太田善男的学术分类观点，主张“言情之文”或“主情文”才是所谓“纯文学”。朱氏论文学，认为“其精神贯注于人类全体之生命，人生切己之利害，谋根本之解决，振至美之情操”[②]，而其评价标准，则“以能感动人之多少为文学良否之标准。盖文学者，以能感动人之情操，使之向上为责任者也。感动多者，其文学必良；感动少者，其文学必窳”[③]。

源自西方的这些现代“文学”观念，章太炎先生自然也是了解的。他在《国故论衡·文学总略》中曾提及“学说”与“文辞”之别，“或言学说、文辞所由异者，学说以启人思，文辞以增人感”，此说可视为是对朱希祖《文学论》理论来源之一，日本学者太田善男《文学概论》之“纯文学”与“杂文学”观念之分的一种回应。太田善男

① 朱希祖：《文学论》，《北京大学月刊》1919年第1卷第1期，第45页。
② 朱希祖：《文学论》，《北京大学月刊》1919年第1卷第1期，第48页。
③ 朱希祖：《文学论》，《北京大学月刊》1919年第1卷第1期，第50页。

《文学概论》之第三章“文学の解说”认为：“纯文学与杂文学的区别在于：前者是情的，后者是知的；前者诉诸情，后者诉诸知；前者目的在感动，后者在教导”[①]。或曰，太田善男之说亦有所本，英国学者Thomas De Quincey早有此论。[②]太炎先生对这些说法不以为然，斥之为“一往之见”。

太炎先生虽然是晚清以来最为著名的革命家，但其文学观念显然是较为守旧的。也正是因为太炎先生的著名学者身份，其门人弟子反其道而行之的行为，才更具社会影响力。现代“文学”概念的使用，虽不自朱希祖《文学论》始，但其对我国现代文学形成之影响，却是非常深远的。

（二）“文学”概念的中西文论渊源

中国古代文论中虽无现代“文学”之概念，却有“文学”一词，亦曾产生过审美性的文学艺术观念。然而，在中国古代，审美性的文学艺术观念却几乎从未作为社会文化之主流形态存在；占据传统文论主流观念的，一向是基于儒家文化的“经世致用”观念。延至近代，“实用”与“审美”，俨然成为两种既相互对立、亦相互补充的重要文艺观念，二者也以一种相辅相成的姿态，深深透入现代以来的文学艺术理论体系之中。

表面看来，中国现代文学艺术观念的形成，全赖西方文化观念之输入。五四诸贤之“文学革命”观念，无一不受到西方文化之影响。举其要者，陈独秀的“三大主义”，痛陈传统文学之弊病；胡适之的“八不主义”，指向的也是传统文学的特征，五四新文化运动先驱者

---

①〔日〕太田善男：《文学概论》之第三章“文学の解说”，转引自张健：《纯文学、杂文学观念与中国文学批评史》，《复旦学报（社会科学版）》，2018年第2期。

② 朱自清先生《什么是文学》即持此论。参见张健：《纯文学、杂文学观念与中国文学批评史》，《复旦学报（社会科学版）》，2018年第2期。

扬西抑中之意显而易见。在《文学革命论》中，陈独秀一方面全面否定传统文学之价值，指其“文学之文，既不足观，应用之文，益复怪诞”；另一方面则毫不隐藏他对于西洋文化之钟爱：“予爱卢梭、巴士特之法兰西，予尤爱虞哥、左喇之法兰西；予爱康德、赫克尔之德意志，予尤爱桂特郝、卜特曼之德意志；予爱倍根、达尔文之英吉利，予尤爱狄铿士、王尔德之英吉利”[①]。而在《建设的文学革命论》中，胡适之也一方面说“中国文学的方法实在不完备，不够做我们的模范”；另一方面又说“西洋的文学方法，比我们的文学，实在完备得多，高明得多，不可不取例”[②]。作为五四时期文学革命领军人物，此二君之论，显然既具有广泛代表性，亦具有很大影响力。

然而，如果因此认为中国现代文学概念全盘照搬西方，却也并不符合历史。首先，西方文论并非只有一种观念，接受哪些、漠视哪些，还是由中国现代文化自身的发展决定的；其次，如果我们分析一下影响这种抉择的因素，就会发现传统文化在其中发挥的重要作用。

包括文论在内的中国古代学术，向有“经世致用”之传统；每逢民族危难之时，这种观念的影响就会被放大。19世纪末，这种观念体现在不同立场的文化群体之间，就形成了梁启超所谓“学术之争，延为政争”的局面。[③]事实上，在现代中国，这种观念的影响极为深远，不仅为承继传统余绪者所坚持；很多接受西方文化者，其内心深处依然是认同“学以致用”的。这一点可以用来解释民族危亡时期、战乱频仍年代文艺学美学主流理论形态的选择；也可以用来解释很多五四时期的反传统“急先锋”们，何以在革命大潮退去之后重返中国古典

① 陈独秀：《文学革命论》，《中国文论选》现代卷（上），江苏文艺出版社1996年版，第13—14页。

② 胡适：《建设的文学革命论》，《中国文论选》现代卷（上），江苏文艺出版社1996年版，第45—46页。

③ 梁启超：《清代学术概论》，上海古籍出版社1998年版，第85页。

学术之研究。

然而，20世纪的最初几年，西方文艺学美学在中国的传播，却并非以实用之学为主的。影响最著者如王国维先生，其所接受并大力倡导的“审美无功利”说，实际上就已经是在主张文艺之“自律”属性了。[①]而“学以致用”主张的大行其道，其实是西学逐渐盛行之后的学术走向。还在五四前夜，一向被当作传播“哲学美学”之纯粹审美观念的蔡元培先生，其影响最大的“以美育代宗教”之说，其实也有些许“经世致用”之意。[②]至于五四时期的“文学革命论”，诚如陈独秀所说，“今欲革新政治，势不得不革新盘踞于运用此政治者精神界之文学”[③]。所论即是以文艺观念之革新，为政治革命之工具。当然，这并非说，晚清到五四，西学之主流是“实用主义”的。事实上，关于文学艺术之本质，西方学术界的意见并不统一，主张“纯艺术”的观念与主张文艺本质在于情感、理性之类的观念一直都是多元并存的，接受什么观念，是清末民初中国学者自己的选择。这也就是说，清末王国维强调文学艺术之无功利属性，是出于反对传统文艺观念之目的；五四前后诸多学者强调文学艺术的改良或者革命等社会功能，同样是出于反对传统文化之目的。只不过，王国维先生是从否定文学艺术之外在功用着手，强调了文学艺术之无功利属性；而陈独秀、胡适之等人则是强调了文学艺术具有不同于传统文艺观的功利属性。

关于中国近现代文艺学美学面临的这种境况，有学者认为，“从宏

---

① 1905年，王国维作《论哲学家与美术家之天职》，收入《静庵文集》。文章明确指出哲学与美术（实指艺术）“无与于当世之用”，二者所体现的只是“纯粹之知识与微妙之感情”。这实际上就是对源自康德的“审美无功利”说的符合汉语语境的表述。

② 1917年4月8日，时任北京大学校长的蔡元培先生，在北京神州学会作了名为“以美育代宗教说”的演讲，该演说词先后刊载于《新青年》第3卷第6号、《学艺》杂志第1卷第2号。

③ 陈独秀：《文学革命论》，《中国文论选》现代卷（上），江苏文艺出版社1996年版，第13页。

观上讲，中西思想文化作为创生中国现代学术的两个母胎，主要从两个方面锻造了它的精神面貌：一方面是学术独立这一现代性品格的确立，即‘独立之思想，自由之精神’的现代学术追求，它是现代世界赋予学术领域的一种自洽性与合法性根据；另一方面，中国现代学术又天然地包容在传统学术思想内核中的儒家理想主义的道德精神和政治抱负，延伸至现实层面就是一种‘学术救国’的理念，这成为中国现代学术无可逃脱的一种政治文化宿命”[①]。这种看法不无道理，但相关论述却有些绝对化。实际上，这两种观念的确源自中国现代学术的两个重要源头，即“中西思想文化”，但却不能简单地认为“学术独立”之说源自西方，“学术救国”之说来自传统。历史地看，这两种观念均既有传统之根源，又有西学之影响。清末民初的中国学术正如一棵新生的文化幼苗，无传统之根基则难以在中国存活，无西学之扶持则无法在现代成长。

众所周知，古代汉语单音词居多，双音词或者多音词很少出现，即使存在一些跟现代汉语一样的双音或者多音词汇，其含义也往往与现代汉语大异其趣。“文学”一词内涵之演变，亦属于这样的情况：首先，“文学”一词亦见于古代典籍，其含义与“文”关系非常密切，与“学”关系并不大；其次，古代典籍中所见“文学”一词，其含义与现代汉语之“文学”概念虽非毫不相干，但也已经是大异其趣。

《说文解字》：“文，错画也，象交文”[②]，此谓“文”之本义，其众多引申义基本上都与文化现象有关，与文章典籍关系尤为密切。《论语·述而》曰“子以四教，文、行、忠、信”，其中所说的“文”，杨伯峻先生认为指的就是“历代文献”[③]；刘宝楠《论语正义》认为

① 王德胜、潘黎勇：《“借思想文化以解决问题”——中国现代美学的一种逻辑范式》，《文学评论》2009年第4期。

②（汉）许慎：《说文解字》，中华书局1963年版，第185页。

③ 杨伯峻：《论语译注》，中华书局1980年版，第73页。

“文谓《诗》《书》、礼、乐，凡博学、审问、慎思、明辨，皆文之教也”[①]，这些也是中国古代关于“文”的一般看法。章太炎先生“有文字著于竹帛叫做‘文’，论彼的法式叫做‘文学’”之说，[②]其实是一种沿袭传统的说法。

中国古代关于“文”的理解与现代汉语所说的“文学”含义最为接近的，是魏晋时期关于“文笔之辩”，梁元帝萧绎“吟咏风谣，流连哀思者，谓之文”之说，[③]既指出了“文”之内容是包含情感的风谣之类，也说明了“文”的作用在于能够打动人，使人“流连哀思”。只是这一类关于“文”的主张，在中国漫长的封建文化史中也不过如流星一般，虽然耀眼，却一瞬间就划过夜空，不知所终了，后来继承此说者也罕见其人。

至于“文学”一词，虽也曾在中国古代典籍中出现，但并不常见。在“收词一般止于鸦片战争（公元1840年）”的《辞源》中，[④]“文学”一词有三个意项：㊀指文章博学，为孔门四科之一。《论语·先进》:“文学子游、子夏”。㊁指文献经典，后来也泛指文才或文艺作品。㊂官名，略如后世的教官。[⑤]由此可见，古代汉语中的“文学”，与现代汉语所谓“文学”含义相去甚远。就此而言，则章太炎所谓“有文字著于竹帛叫做‘文’，论彼的法式叫做‘文学’”之说，大抵是符合中国古代的文学观念的。[⑥]

就文艺学美学强调文学艺术之审美属性的传统渊源而言，古代

---

①（清）刘宝楠:《论语正义》，转引自《诸子集成（一）》，团结出版社1996年版，第142页。

②章太炎:《国学概论　国学略说》，江西教育出版社2012年版，第48页。

③（南朝梁）萧绎:《金楼子·立言》，转引自郭绍虞主编《中国历代文论选（第一册）》，上海古籍出版社1979年版，第340页。

④《辞源》，商务印书馆1988年版，第1页。

⑤参见《辞源》，商务印书馆1988年版，第737页。

⑥章太炎:《国学概论　国学略说》，江西教育出版社2012年版，第48页。

文论至迟在魏晋时期就已经出现“文笔”之辩。比如南朝梁元帝萧绎《金楼子·立言》谓：“笔退则非谓成篇，进则不云取义，神其巧慧，笔端而已。至如文者，唯须绮縠纷披，宫徵靡曼，唇吻遒会，情灵摇荡。”[①]强调了文艺作品“应用性”与“审美性”之别。魏晋以降，自陆机“诗缘情”而后，断续有严羽“妙悟说”、李贽“童心说”、袁宏道“性灵说”、王世祯“神韵说”，直至王国维“境界说”，均可视为对强调文艺作品“经世致用”功能的有力而持久的反拨。这些源自“诗缘情”的传统观念，也在一定程度上强调了文学抒情审美的“自律”属性，虽然还不是现代意义上的“学术独立”，但如鲁迅先生所说，已经是“文学自觉”之体现了。正如以上这些强调审美属性的文艺理论在中国古代都没能成为主流文艺观念一样，在现代中国，代表这一审美倾向的文艺观念，也未能成为主流。然而，从人类历史的发展来看，这一审美倾向恰恰代表了文学艺术之本质属性，因而正如“离离原上草”，当改革开放的春风吹起，这一长期作为潜流的审美观念，就再度蓬勃而起，终于催生了“文艺美学”这一看似新兴，却根植深远的学科。

至于现代中国文艺学美学的“经世致用”特征，其传统学术之渊源自不待言，但其实更多是接受了西方文化思想的影响。马克思主义的“革命”性特征，使得马克思主义的文艺理论也必然充满着积极的“入世”精神。其他五四前后传入中国的西方文艺思想，并不局限于西方现代文艺思潮，而是涵盖了西方自古典到现代的各种观念，其中既有源于西方人文主义思潮的自由、平等、独立观念，也有注重现实和实用的达尔文“进化论”、杜威“实验主义”等思潮。然而，大浪淘沙之后，留下来的，却只是重视群体而非个体、关注现实而非浪漫的

---

①（南朝梁）萧绎：《金楼子·立言》，转引自郭绍虞主编《中国历代文论选（第一册）》，上海古籍出版社1979年版，第340页。

各种思潮，尤其是带有强烈现实主义精神的马克思主义文艺思想。“历史已经昭示，外来的任何批评观念和范式都程度不等地经过了中国化的过滤和变形。现代文学批评和西方文学批评的联系突出地表现在它对19世纪现实主义批判的摭拾，以至于最后服膺马克思主义批评，这几乎是一种别无选择的选择”[①]，许道明先生如是说，这一认识是相当准确而深刻的。

综上，“艺术”“文学”这两个对于现代文艺美学理论体系最为重要的概念，虽亦见于中国古代典籍，但其作为现代学术概念，其形成与产生影响，则均在五四新文化运动之后。诚如董学文先生所说，“现代人所使用的‘文学’开始于20世纪初叶的‘新文学运动’。这时的文学革命不仅带来了新的‘文学’概念，而且催生了文学理论学科”[②]。

第二节 “文艺理论”体系建构的不同路径

从概念之间的逻辑关系看，“文艺美学”作为一门新兴学科，内在地包含了文艺学、艺术学、美学等传统学科的理论资源，其研究对象涵盖了包括文学在内的各门类艺术现象；而研究的视角则是美学的，即以审美的眼光观照各门类艺术现象，回顾其历史、关注其现状，探索其规律、展望其前景。

① 许道明：《中国现代文学批评史新编》，复旦大学出版社2002年版，第3页。
② 董学文：《文学理论学导论》，北京大学出版社2004年版，第67页。

从学术发展的历史进程看，现代学术体系中的“文艺学”与“艺术学”之间的关系，可以说是“剪不断、理还乱”，其间错综复杂的关系已如前述。“文艺学”实际上就是“文学理论”，逻辑上看应该属于“艺术学”的一个分支，但却常常以“艺术理论”自居；“艺术学”原本应该涵盖包括文学理论在内的各门类艺术理论，却常常既不能包括文学理论，也无法涵盖其他门类艺术理论，多数语境中都只能非常尴尬地栖身于抽象意义上的“艺术”理论研究领域。反而是“文艺理论”一词，无论是理论观念还是研究对象，均具有较强的包容性。因而，本节追踪20世纪上半叶“艺术理论”的发展历程，使用“文艺理论”作为核心概念，用以涵盖所有以艺术现象为对象的研究成果。

倘若我们将研究的视角向古代和西方做一些必要的延伸，就会发现“文艺理论”向来就是一个含义极为复杂的概念。在中国古代文艺理论研究领域，“文艺理论”通常被称作“文论”或“诗学”，其主要存在形态就是以“诗”“文”为主要鉴赏对象的文学评论，或简称为“诗文评”。其形态是一向被形容为“印象式”或“妙悟式”的只言片语，缺乏严谨的概念界定与严密的逻辑推理，实际上并不能算作现代学术意义上的理论形态。虽然如此，在漫长的历史长河中，我国古代的文论发展，也出现了偏重“审美”与偏重“实用”的不同路径。同样，西方自古希腊以来的漫长岁月，也孕育出了包括“审美”与“实用”在内的众多文艺理论形态。单纯从理论来源方面看，其实是无法断定现代文艺理论体系究竟是接受西方文论影响更大，还是传承中国古代文论传统更多的。中国现代文艺理论体系，实际上是中国现代学者群体，在同时接受中西不同理论资源的基础上，结合当时社会的现实需要，不断调整、也不断论争中形成的。

关于近百年来中国文艺理论体系的建构问题，中国当代文艺理论研究学者古风先生有这样一段概括：“近百年来，我国广大文艺理论工作者建构了三个文论体系，这便是马列式文论体系、苏式文论体系和美式文论体系。这些都是'西化'式的文论体系"，即"沿着西方文论的方向去探索"。此外，古风先生还提到了两种与中国古代文论相关的文论体系建构途径：一是"沿着中国古代文论的方向去探索，20世纪20、30年代的李笠、段凌辰、陈怀、刘麟生和80年代中后期的谌兆麟、樊德三、祁志祥、陈良运等人，便建构了中国古代式的文论体系"；另一种是"沿着中西文论比较和融合的方向去探索，便建构了类似老舍《文学概论讲义》、朱光潜《诗论》和刘若愚《中国的文学理论》的中西文论杂陈、比较和融汇的文论体系"[①]。古风先生的这段极为宏阔的论述，虽语焉不详，却大致揭示了20世纪初以来，我国学者文艺理论体系建构的三种主要途径：以"西方文论"为主要借鉴，以"古代文论"为主要依循，以"中西文论融合"为主要原则。本节中我们将按照这样三种途径，详细分析中国现代文艺体理论体系建构的逻辑进程。

一、以"西方文论"为主要借鉴的现代文艺理论体系建构

古风先生从近百年来的中国文艺理论史着眼，认为我国现代文艺理论界建构的"西化"式文论体系主要有三种：马列式文论体系、苏式文论体系和美式文论体系。这一论断大致是不错的，但有三点需要做一些说明：首先，苏式也是属于马列式的，与中国发展出的具有中国特色的马列文论，都是马列主义与所在国国情相结合的产物，因而不宜将苏式文论与马列文论并列。如果我们把研究的目光聚焦在20世纪上半叶，这种区分就愈发没有意义，建国前我们构建的马列文论，基本上就是从苏联移植过来的。其次，将马列文论划归"西化"式文论体系，并不恰当。20世纪以来，一般意义上的"西方"社会，并非一个地域概念，而是指与社会主义国家相对立而存在的发达资本主义

① 古风：《中国古代文论的现代转换》，转引自钱中文、杜书瀛、畅广元主编《中国古代文论的现代转换》，陕西师范大学出版社1997年版，第151页。

国家群体，以西欧、北美，以及澳洲的一些国家为主。就这一意义而言，将以主要形成于社会主义国家的马列文论和产生于苏联的“苏式文论”全都划入“西化”式文论，显然并不合适。事实上，中国的马列文论，从一开始就是中国现代化转型的重要组成部分，现代中国的马克思主义学者，也从未将“马列文论”当作“他者”对待；从这一意义上讲，中国新时期马列文论，或者去掉列宁主义，称之为马克思主义文论，实际上就是面向转型之后的中国现代社会的文艺理论体系的有机组成部分。鉴于这种考虑，我们在梳理20世纪上半叶文艺理论体系建构过程时，并没有将中国特色的马克思主义文艺理论纳入“西化”式文论。再次，将除马列式、苏式之外，中国20世纪上半叶出现的其他文艺理论体系全部划为“美式”，也是非常不恰当的。实际上，彼时流行于中国文艺界的，还有大量来自欧洲的文艺理论体系。本节所谓“西方文论”，指的主要就是源自欧美地区的文艺理论。

从现代文学艺术观念的转型看，五四时期的陈独秀、胡适之、钱玄同、刘半农诸君，以及嗣后的文学研究会、创造社等文学社团自然功不可没；但从文艺理论体系的建构看，我们还需要做更多的钩沉工作。在本节中我们仅仅罗列几种具有代表性的观点，从中可以见出20世纪上半叶以“西方文论”为主要借鉴的现代文艺理论体系的建构历程。

1913年，时任教育部佥事兼第一科科长的鲁迅先生，以本名“周树人”在《教育部编纂处月刊》第一卷第一册发表《儗播布美术意见书》一文。此文虽是一篇官样文章，但依然体现出鲁迅先生很多重要的艺术思想；尤为重要的是，该文展示出了一个极为清晰的艺术理论体系。文章分为四个组成部分：首先，文章解释了“何为美术”。如前所说，此所谓“美术”，实即“艺术”，这一部分谈的实际上是艺术的构成要素，可以视为“艺术本质论”：“故美术者，有三要素：一曰天物，二曰思理，三曰美化。缘美术必有此三要素，故与他物之界域极严”。其次，文章分析了“美术之类别”，这一部分谈的实际上是艺术的分类，可以视为“艺术门类论”。文章引述了柏拉图、巴托、黑格尔、科尔温等人的观点，介绍了五种艺术分类观点。第三，文章分析了“美术的目的和致用”，这一部分谈的实际上是艺术的功能，可以视为“艺术目的论”。认为艺术无外在目的，但却有“不期之成果”，也就是创作者虽无发挥艺术外用之主观目的，但艺术品被创作出来却不期然而有了外在的功用。文章强调了艺术在文化、道德、经济三方面发挥的社会作用。最后，文章讨论了“播布美术之方”，实际上探讨的就是艺术的传播途径与接受方式，可以视为“艺术接受论”。文章从场馆与机构建设、文物认定与保护、以及以传统艺术为主要内容的研究和教育等方面，探讨了艺术的传播与接受问题。[①]由此，鲁迅先生此文在实际上勾画出了一个由艺术的本质、门类、目的、与接受四个方面构成的、相对全面的艺术理论体系。

艺术理论体系中有一个非常普遍与突出的现象，就是文学理论常常以艺术理论的面貌存在，王一川先生称之为以“文”代“艺”之举，认为这是文艺美学学科形成以来的普遍特征。事实上，不仅是文艺美学学科形成以来，自现代文学与艺术观念形成以来，这种现象就已经存在了。如果我们将探究文艺理论观念演变的目光延伸到中国古代文论领域，就会发现中国古代以“诗学”为中心的文论，也常常是所有艺术理论最适合的代言者。由此，在探讨现代文艺理论体系建构过程中，关于文学理论体系建构过程的回顾和梳理，也是非常必要的。

如前所说，1919年朱希祖在《北京大学月刊》当年第1卷第1号发表的《文学论》对于现代文学观念的形成产生了极为重要的影响。在这篇论文中，朱希祖阐明的不只是现代文学观念，也梳理了一个相对全面的文学理论体系。论文分为四个部分，分别从文学应该具有的“独立之资格、极深之基础、巨大之作用、美妙之精神”，分别探讨

① 参见鲁迅：《儗播布美术意见书》，转引自《鲁迅全集（七）》，人民文学出版社1958年版。

了文学的本质、构成、功能、特征等方面的内容。在“文学须有独立之资格”中，朱氏认为，文学之本质在于“其精神贯注于人类全体之生命，人生切己之利害，谋根本之解决，振至美之情操”；在“文学须有极深之基础”中，朱氏谈及文学之构成，认为“文学有内事，有外事。内事或称内容，即思想之谓也；外事或称外形，即艺术之谓也”；在“文学须有巨大之作用”中，朱氏认为，“文学既为独立之科学，则必有巨大之作用。其作用安在？曰，以能感动人之多少为文学良否之标准。盖文学者，以能感动人之情操，使之向上为责任者也。感动多者，其文学必良；感动少者，其文学必窳”；在“文学须有美妙之精神”中，朱氏认为，“文学之精神之美，足以震撼大地，操纵人类”①。由此，朱氏此文也在实际上勾画出了一个由文学的本质、构成、功能、特征等四个方面构成的、相对全面的文学理论体系。

二、以“古代文论”为主要依循的现代文艺理论体系建构

20世纪上半叶中国文艺理论体系的建构，就是以引进和借鉴“西方文论”为主要方式的；以“中国古代文论”作为主要依循的体系建构方式，虽影响有限，但在近乎“全盘西化”的时代潮流中，却也显得弥足珍贵。

但从文艺观念的发展看，“学衡”“甲寅”两派明显反对五四新文学运动的主张，以“古代文论”为主要依循的复古特征较为明显；但从文艺理论体系的建构看，上述两派因为激烈的复古意识，也就很难从中寻绎出原本就不存在的理论体系。真正能够实现既“昌明国粹”又“融化新知”的，前有王国维，后有宗白华，均堪称大家。在中西文化交融的时代，他们既能秉持传统文论之精髓，亦能融汇西来观念之要义，又能自觉以古代文论传统为依循，构建起具有明显中国特色的

① 朱希祖：《文学论》，《北京大学月刊》1919年第1卷第1期。

文艺理论体系。

顾祖钊先生认为，在王国维的《人间词话》和若干文稿中，“已包含着一个很有中国特色的现代文论体系”。在《略论中国古代文论的现代转换》一文中，顾祖钊这样总结王国维先生构建的文论体系：

> 首先，他从康德那里取得了方法论的启示。康德以“审美意象”（Ästhetische Idee）为中心概念和最高审美范畴，构筑了他的美学体系；而王国维则把中国古老的意境论发掘出来，以意境为中心概念和最高审美范畴，构筑了他的理论体系。在艺术本质论上，他认为意境不过是天才诗人主观境界的表现，主张天才说，鉴于对我国哲学和文学不发达的深刻反思，他反对狭隘的功利艺术观，而主张游戏说和精神慰藉说，几乎与康德同调。在作品论上，他主张选用中国文论的一套范畴，以意境论为中心，探讨言、象、气、韵的艺术法则。在艺术发展论上，他认为中国每个时代每种艺术形式的不断更新，是一种继承与革新相结合的产物，“最工之文学，非徒善创，亦且善因”，与当时全盘否定传统的意见大不相同。在作家论上，他主张天才加勤奋，“衣带渐宽终不悔，为伊消得人憔悴”。在艺术表现论上，他特意突出一个“诚”字，提倡明清以来的“童心说”，主张诗人应以赤子之心对待生活和创作。在艺术方法论上，他主张理想与写实相结合，在意境论指导下，以真景物，抒真感情。在风格论上，他主张自然天成，清新流畅，反对堆砌典故和陈言套语，反对“隔”。在批评论上，他主张以意境论为最高批评标准，力倡“宏壮”，不废“优美”与“古雅”。[①]

---

① 顾祖钊：《略论中国古代文论的现代转换》，转引自钱中文、杜书瀛、畅广元主编《中国古代文论的现代转换》，陕西师范大学出版社1997年版，第92—93页。

严格说来，中国古代文论并没有多少理论体系，古人也不讲求这些。但用今天的“文艺理论”眼光看，相关要素基本上都是有的，现代人也很容易从中梳理出一套相对完整的中国古代文论或诗学体系。最典型的做法就是美国华裔文学研究学者刘若愚在《中国文学理论》中所做的那样，将美国当代著名学者艾布拉姆斯（M·H·Abrams）《镜与灯——浪漫主义的理论和批评传统》一书中提出的艺术四要素理论加以改造，在宇宙-作家-作品-读者相互循环的结构中探讨中国文学理论。虽然这一做法颇为人诟病，曾有学者批评刘若愚的研究方法是“将中国完整的文学理论的‘鸡蛋’打破，倒在依据西方理论改制的模子里去作‘蛋卷’”[①]。刘若愚自己也有类似看法，只是他本人对于这一做法持肯定态度，“中国批评家所写的零散评论，通常是前后相隔多年，不可能看成有机的整体”；因而，“不打破鸡蛋煎不出蛋卷”[②]。然而，重要的不是是否需要以及如何打破中国古代文学理论原本完整的“鸡蛋”，而在于打破之后所选择的模子是如何造出来的。随着时代发展，尤其是处于清末民初那种新旧文化形态更替的“大变局”时期，打破旧的文艺理论体系，代之以新的理论体系，以适应发展了的文学艺术实践，其实是不需要讨论的问题；重要的是，打破之后，如何重塑一个新的理论体系。如刘若愚那样的做法，其实是最简单的一种做法，大致可以归入以“中西文论融合”为主要原则的现代文艺理论体系建构方式。顾祖钊总结的王国维文论体系，实际上不过是用刘若愚研究古代文论的做法，来分析王国维的文艺理论罢了。类似的做法还有夏中义先生的“准体系”说：“王氏美学作为一种准体系结构，内涵‘天才说’‘无用说’‘古雅说’‘境界说’四大板块”[③]，

① 毛庆耆、谭志图：《评〈中国文学理论〉》，《文艺理论与批评》，1996年第2期。

②〔美〕刘若愚：《中国文学理论》，杜国清译，江苏教育出版社2005年版，第19页。

③ 夏中义：《世纪初的苦魂》，上海文艺出版社，1995年版，第6页。

并将四大板块对应为“审美-艺术主体论”“艺术性能论”“艺术程式论”“诗学理想论”。这是一种更加贴近中国古代文论的思路，但与王国维先生的真实用意还有一些距离。事实上，如果我们暂时抛开西方文论的种种体系理论，静下心来体味以《人间词话》为代表的王国维文论著作，就会发现王国维先生要做的乃是用古人的文论言说方式，渗入西方文艺理论的精髓，从而将源自西方的现代文论观念融入中国传统的文论形式之中。所以无论其所用概念范畴，还是文本结构，都更接近古人的说法，观念却是浸透了以康德、叔本华、尼采等人的美学理论为代表的西方思想。正如叶嘉莹女士所评价的那样，“《人间词话》从表面上看来与中国相沿已久之诗话词话一类作品之体式，虽然也并无显著之不同，然而事实上他却已曾为这种陈腐的体式注入了新观念的血液，而且在外表不具理论体系的形式下，也曾为中国诗词之评赏拟具了一套简单的理论雏型”[①]。如此，方是典型的以“古代文论”为主要依循的现代文艺理论体系建构方式。

宗白华是另一位坚守传统文论“意境”论的现代学者，他不仅在20世纪上半叶就已经基本完成了以“意境”为核心的现代文艺理论体系，在20世纪下半叶，也始终坚持阐述其并不总是契合时代潮流的文论观点。关于宗白华先生文艺理论体系的构建过程，顾祖钊先生认为，“大约在30年代初，他便以‘意境论’为中心构筑了中国第一个现代美学体系，而1943年发表的《中国艺术意境之诞生》的长文，更标志着这个体系的成熟”[②]。宗白华先生的文艺研究，颇有古人之风：行文喜欢征引古代诗文作品，而不善于运用西方概念范畴；整体构思注重氛围营造，却不甚讲求逻辑严密与结构严谨。这一特征也体现在他

①〔加〕叶嘉莹：《王国维及其文学批评》，河北教育出版社1997年版，第185—186页。

② 顾祖钊：《略论中国古代文论的现代转换》，转引自钱中文、杜书瀛、畅广元主编《中国古代文论的现代转换》，陕西师范大学出版社1997年版，第94页。

最为著名的一部名为《美学散步》的文艺理论著作中。宗白华先生非常清楚自己这种研究方式的特点，但并不认为这种看似散漫的表述方式不合逻辑。他自己的解释是，“散步是自由自在、无拘无束的行动，他的弱点是没有计划，没有系统。看中逻辑统一性的人会轻视它，讨厌它，但是西方建立逻辑学的大师亚里士多德的学派却唤做‘散步学派’，可见散步与逻辑并不是绝对不相容的”[①]。宗先生的文艺理论思想，并非只是体现在《中国艺术意境之诞生》一文中，而是陆陆续续在其一生著述中渐次展开、逐渐丰富的；但若论理论体系构建意识的明确，此文的确是较为突出的。可以作为理解宗白华先生文艺理论体系建构方式的最佳选择。在这篇文章中，宗先生首先阐明了“意境的意义”，然后从“意境与山水”“意境创造与人格涵养”“禅境的表现”“道、舞、空白：中国艺术意境结构的特点”等四个方面展开论述。从体系构建的角度看，可以将这四个方面分为两组：客体与主体、内容与形式，前一组聚焦创作过程，后一组涉及作品构成。看似漫不经心的笔触，却无处不体现着一位现代学者的理论素养。

如果说王国维先生的“境界说”是“旧瓶装新酒”，以颇类传统诗话的文本，传达兼容中西文论的文艺思想；那么，宗白华先生的“意境论”就是“新瓶装旧酒”，基本符合西式论文的结构方式，透露出的却是地道的传统文人情怀。二者虽各有侧重，但在既能接受西方文论影响，却又不废传统文论精华方面，他们的认识却是基本一致的。在西方文化大行其道的年代，还能够如此清醒地坚持以“古代文论”作为现代文艺理论体系建构的主要依循，实属难能，因而就益发可贵。

三、以“中西文论融合”为主要原则的现代文艺理论体系建构

客观地讲，现代以来形成的诸种文艺理论体系，无一不具有“中西文论融合”的基本特征；而从建构者的主观动机看，在“西化”方

---

① 宗白华：《美学散步》，上海人民出版社1981年版，第1页。

面却存在程度不同的"激进"或者"保守"倾向：前述以"西方文论"为主要借鉴的现代文艺理论体系建构者，即是其理论体系"西化"程度较深者；前述以"古代文论"为主要依循的现代文艺理论体系建构者，即是其理论体系"西化"程度较浅者。这里所说的以"中西文论融合"为主要原则的现代文艺理论体系建构者，就是居于上述两种倾向之间者。其主要代表人物有著名作家老舍、文艺理论学者朱光潜先生等。

1924年秋至1929年夏，老舍先生应邀在英国伦敦大学亚非学院担任客座教员，这给了他深入了解西方文化包括文艺理论的机会。回国后，老舍先生先后任教于位于济南的齐鲁大学和位于青岛的山东大学，《文学概论讲义》便完成于在山东任教期间。全书共十五讲，分别讲述了文学的特质、文学的创造、文学的起源、文学的风格，文学的形式，文学的倾向，以及文学的批评，兼及诗歌、散文、戏剧、小说等不同体裁分析。从全书的结构看，当然是大量借鉴了西方的理论形式；但从书中体现的文学观念看，则是融会古今、兼采中西的。正如当代文艺理论研究者侯敏所评价的，"他的《文学概论讲义》，既有纵的继承，又有横的移植，是不可多得的文艺学通论。它涉及文学发展论、文学本体论、文学创作论、文学批评论等内容，拟构了中国现代文论的整体结构"[①]。这既得益于他幼年所接受的私塾教育，也受惠于壮年游历欧洲的经历，使他在中西文论两方面都不陌生；而他作为作家的创作实践，则给了他理论联系实践的机会，使他的理论研究也富有极强的艺术气息。

作为一位有着较长时间海外经历的现代学者，老舍先生依然保持着对与中国传统文化的热爱与发扬传统文论的责任感。《文学概论讲义》中，虽然在理论结构与文学观念方面借鉴了很多西方文论的内

---

① 侯敏：《论老舍对中国文学理论体系的创构》，《玉林师范学院学报（哲学社会科学）》2008年第1期。

容，但其构建文艺理论体系的着眼点，依然在于发现中国固有文论之价值。正如他自己所说："也许有人说：'文以载道'，'诗骚者皆不遇者各系其志，发而为文'，等等，便是中国文学界说；不过现在受了西洋文说的影响，我们遂不复满于这些国货论调了；其实呢，我们何必一定尊视西人，而卑视自己呢！要回答这个，我们应回到篇首所说的：我们是生在'现代'，我们治学便不许象前人那样褊狭。我们要读古籍古文；同时，我们要明白世界上最精确的学说，然后才能证辨出自家的价值何在"①。

与老舍的经历有些相似，20世纪20年代朱光潜一直在我国的香港、欧洲的英国和法国等多地辗转求学，30年代初回国后，先后在四川大学、武汉大学和北京大学任教。对中西方文化的深入了解和切身体验，使得朱光潜先生的文艺理论体系，也体现出较为明显的以"中西文论融合"为主要原则的建构取向。与老舍先生相比，朱先生的研究更偏重在中西比较中各取其长，而并不明显存有先入为主的意见。在抗战期间出版的《诗论》中，朱光潜先生认为，"当前有两大问题须特别研究，一是固有的传统究竟有几分可以沿袭，一是外来的影响究竟有几分可以接受。这都是诗学者所应虚心探讨的"②。从研究方法看，朱光潜先生特别注重比较的方法，他认为，"一切价值都由比较得来，不比较无由见长短优劣。现在西方诗作品与诗理论开始流传到中国来，我们的比较材料比从前丰富得多，我们应该利用这个机会，研究我们以往在诗创作与理论两方面的长短究竟何在，西方人的成就究竟是否可以借鉴"③。从主观态度上讲，朱光潜先生对于中西文艺理论，自然并没有孰优孰劣的偏见。而他对于中西文论特点的认识，却是形成较早且始终没有多少变化的。如果我们结合他归国以后陆续发

① 老舍：《文学概论讲义》，复旦大学出版社2004年版，第2—3页。
② 朱光潜：《诗论》，生活·读者·新知三联书店1984年版，第2页。
③ 朱光潜：《诗论》，生活·读者·新知三联书店1984年版，第2页。

表的学术论著来看，就会发现他更加认可的是西方文论的科学精神，虽然他对于中国传统文论的长处也非常清楚。在他看来，“中国向来只有诗话而无诗学，刘彦和的《文心雕龙》条理虽缜密，所谈的不限于诗。诗话大半是偶感随笔，信手拈来，片言中肯，简练亲切，是其所长；但是它的短处是零乱琐碎，不成系统，有时偏重主观，有时过信传统，缺乏科学的精神和方法”[①]。而“科学的精神和方法”，正是西方文论所长。在先于《诗论》完成的《文艺心理学》中，朱光潜先生尝试运用的就是一种实验的方法，“丢开一切哲学的成见，把文艺的创作和欣赏当作心理的事实去研究，从事实中归纳的一些可适用于文艺批评的原理”[②]。要之，20世纪前半叶朱先生的文艺理论研究，西学是方法，中国传统文论则是其研究对象，而贯穿其中的观念，则是杂糅以克罗齐为代表的“表现”与中国传统诗话的“直觉”，并将其一并归入“情趣”的范畴之中。劳承万曾非常形象地评价朱光潜先生的这种治学方式：“这种用西方的‘火’煮自己的‘肉’的学术胆识和规范，和用中国人的‘灵’去灌输西方焦土的精神超度，以及二者的结合，令我们叹为现止”[③]。

需要强调指出的是，本节所说的“中西文论融合”之“西”，并不包括同样来自西方社会的马克思主义文论。马列文论自20世纪20年代传入我国之后，就在日趋激烈的社会动荡和革命战争中，渐次融入我国的文艺理论体系构建过程，最终化为具有中国特色的马克思主义文论。此外，现代中国文论体系构建所借鉴的西方文论，既不一定是西方文论之主流，也不一定是影响最著者，而是在我国当时的社会环境中，经过我国学者有意识地选择被引介进来的。因此，这些被选中的“西方文论”，也多多少少融入了我国现代文艺理论体系的建构过程中。

---

① 朱光潜：《诗论》，生活·读者·新知三联书店1984年版，第1页。

② 朱光潜：《文艺心理学》，安徽教育出版社1996年版，第1页。

③ 劳承万：《论朱光潜的美学体系及其当代意义》，《湛江师范学院学报（哲学社会科学版）》1997年第3期。

第三节 “美学”理论体系建构的不同取向

立足于“文艺美学”学科形成历史的溯源视角，“美学理论”成为我们梳理20世纪上半叶文艺理论“体系”建构的另一核心概念。与现代“文艺理论”发生发展的文化基础有所不同，“美学理论”在现代中国的发展历程相对要单纯很多，因而其概念的边界也相对清晰，没有多少与之龃龉或者重叠的相邻学科。与之关系较为密切的学科主要有“艺术哲学”与“文化哲学”，因为美学的研究对象既经常聚焦艺术现象，也经常投射到整个文化领域，所以难免会在艺术领域或者泛文化领域见到与“美学”相关的话题。

历史地看，无论在中国还是西方，“美学”作为一门学科的历史都不是很长。西方的美学学科发展史一般从1750年鲍姆嘉登的《美学》（第一卷）出版算起。中国的美学学科发展史则只能从20世纪初王国维、刘师培、梁启超、蔡元培等现代学者的引进和介绍算起。此前虽然也有西方传教士花之安（Ernst Faber）、罗存德（Wilhelm Lobscheid）等人，在19世纪七八十年代就尝试用汉语词汇翻译Aesthetics一词，但一则缺乏系统性，二则译名繁复，如“论美形”“佳美之理”之类，不宜用作学科名称。20世纪初，“在王国维、蔡元培、康有为、梁启超的影响下，‘美学’成为定译”[①]。虽然，学者们可以

① 张法主编：《中国美学史》，高等教育出版社2015年版，第5页。

将美学研究的历史推到非常遥远的时代，重构所谓古代“美学史”；然而，这样构建出来的美学史，与刘若愚构建中国文学理论时所说的“打破鸡蛋煎蛋卷”之说其实是一样的。[①]而且，按照这种方式重构的美学史，因为需要披沙拣金，所以难免挂一漏万，由此呈现出来的所谓“美学史”，难免版本不一，导致异说纷呈，此其一。然而，学科形成之前历史的虚无，并不意味着自有“美学”学科以来的“美学史”缺乏意义。事实上，恰恰是因为学科形成之前审美观念的莫衷一是，才导致了“美学”学科形成以来审美观念的相对明确：西方长期将“美感”所依赖的感性认识视为低级认识，从而总是在与真、善的对比中遭到轻视乃至忽视；中国古代在源远流长的“以善为美”传统影响下，现代意义上的审美特征始终未能成为传统“美”论的主流；而自鲍姆嘉通建立“美学”学科以来，立足感性审美体验，重视艺术现象研究等特征就明确成为“美学”论美的核心内容，这些特征也被20世纪之初的中国学者继承并介绍进中国。由于“美学”学科鲜明的精神属性，使得“美学”获得了相对超脱现实生活的精神性价值。值得注意的是，这一精神性价值的实现方式并不是唯一的，甚至也并非主要以超脱现实的方式实现。无论是在物质生活极为艰难的战乱年代，还是在物质财富相对充裕的“技术至上”时代，人们都将探寻人文价值的目光投向了“美学”领域，从而使得“美学”常常越出审美视界，关注整个文化领域的人文价值问题。

回顾20世纪上半叶中国现代美学学科的建构过程，可以发现有两个值得关注的现象：首先，与文艺理论体系的建构多少会受中国传统文论的影响不同，美学理论缺少可以直接借鉴的传统资源。正如前文所分析的，中国古代在源远流长的“以善为美”传统影响下，现代意

---

① 参见〔美〕刘若愚：《中国文学理论》，杜国清译，江苏教育出版社2005年版，第19页。

义上的审美特征始终未能成为传统“美”论的主流；因而在西方“美学”学科传入中国之前，中国本土不仅没有“美学”概念，也极少可以借鉴的关于“感性经验”的相关论述；如果说在中国古代浩如烟海的文献资料中，还能够找到一些关于感性体验的内容的话，就应该主要是存在于历代各式各样的艺术评论之中了。于是，这就引出了第二个值得注意的现象：中国古代的美学资料，大都集中于艺术评论之中；由此，在现代以来的中国美学理论体系建构历史中，以“艺术”作为美学最为重要的研究对象，俨然成为了一种传统。虽然，西方自鲍姆嘉通建立“美学”学科以来，艺术现象就是美学学科的研究对象之一，但在中国现代以来的美学理论建构过程中，艺术，特别是文学艺术，在美学研究中的重要性是西方美学难以比拟的，这也是“文艺美学”这一新兴学科得以在中国诞生的主要根源之一。事实上，直到今天，在很多学者那里，美学、文学理论、艺术理论，以及文艺理论等概念依然可以相互替代。这些现象的产生，与中国古代美学资料的实际状况显然存在非常密切的联系。

于是，我们看到，在现代中国美学理论体系的建构过程中，存在两种既存在密切联系、又明显不同的建构途径，形成两种不同的研究取向：一种是以美、美感作为主要研究对象的哲学研究方式，另一种则是以“艺术”作为主要研究对象的艺术学研究方式。此外，“美学”学科一贯注重感性体验的研究传统，也使“美学”具备了相对超脱现实生活的精神价值。在现代中国，这一精神性价值的实现方式却并非主要是以超脱现实的方式实现的。无论在20世纪上半叶的战乱年代，还是在20世纪下半叶的社会主义建设时期，人们都将探寻人的生存价值的目光投向了“美学”领域，从而使得“美学”常常越出审美视界，关注整个文化领域的人文精神问题。于是，在现代中国，美学理论体系的建构，又形成了第三种研究取向：即“关注文化现象”的社会学研究方式。

一、以“美、美感”为中心的哲学研究取向

无论在中国还是西方，“美学”作为一门学科的历史都不是很长。从1750年鲍姆嘉通的《美学》（第一卷）出版算起，西方的美学学科发展史也只有200多年；而中国的美学学科发展史，则只能从20世纪初王国维、蔡元培等现代学者的引进和研究算起。本节所谓中国现代美学理论体系的建构，起点就是20世纪初几位著名学者筚路蓝缕的学术研究工作。

“美学”进入中国之初，引进的基本上都是西方美学的主流思想，其中康德、叔本华、尼采等人的思想尤为显著，因而此期美学理论体系构建的基本方式是引进和借鉴，而主要的研究取向则是将美学视为哲学的一个分支。

早在1907年王国维写作《古雅之在美学上之位置》时，依据的就主要是康德的美学思想，其中最为重要的就是康德关于美的“无功利性”与“美在形式”等观念。王国维用极为简括的语言概括道：“美之性质，一言以蔽之曰：可爱玩而不可利用者是已”；“一切之美，皆形式之美也”；“而美学上之区别美也，大率分为两种：曰优美，曰宏壮”[①]。短短几句话，已经切中从哲学角度研究“美学”的最为核心的几个问题，涉及美的本质、主体、客体、范畴等，其中最主要的内容均与美、美感这对现代美学最核心的概念有关。

1915年，徐大纯发表《述美学》一文，详述彼时国内“美学”研究之现状、西方“美学”之源流、以及美、美感的概念辨析、美学范畴、美的分类等关于美学学科的重要内容，已然构成了一个相对完整的美学理论体系。此文所论虽大多只是介绍，但其选择材料之精当、逻辑分析之清晰，就算放在整个20世纪，也并不多见。在《述美学》

① 王国维：《古雅之在美学上之位置》，《王国维文集》第三卷，姚淦铭、王燕编，中国文史出版社1997年版，第31—35页。

中，徐大纯引彭甲登（即Baumgarten，现通译作鲍姆加登）之说，认为“因感觉而得之智识，实最确切之智识”，因而“感觉论（即美学）应立于哲学之第一级”[①]。可以视为中国现代美学理论体系构建方式中，以“美、美感”为中心之哲学研究取向的典型代表。

二、以“艺术”为中心的艺术学研究取向

以“艺术现象”作为美学研究的重心，是自20世纪初中国现代美学学科形成以来，最为显著的理论现象之一。这一现象出现的原因和发展历程大致可以描述为：美学最初传入中国，最先引起王国维、蔡元培等学者研究兴趣的，便是其中以康德为代表的“审美无目的”，以及叔本华为代表的通过艺术“解脱”人生苦难等说法，而这些说法与中国古代主流文论强调的“经世致用”之说恰恰是相对的，于是，“审美无目的”以及艺术是人文精神象征之说就成为中国现代美学最重要的理论基础之一。随后，王国维、宗白华等学者的美学研究开始往中国传统文化延伸，发现中国古代艺术理论中“缘情”“意境”等注重主观抒情的一派观点，与康德、叔本华等人的说法存在相通之处，于是，王国维、宗白华不约而同地选择了“意境”作为自己美学理论的核心范畴，而20世纪上半叶中国古代美学史的建构，也主要沿着“缘情”一路展开。对于中国现代美学理论体系的建构而言，重视艺术、注重艺术的抒情特征，也就成为一种源远流长的传统。而西方美学之中，自鲍姆嘉通时代，便有从审美角度研究艺术的传统，虽然并非一直是主流，但艺术研究确是西方美学研究的重要内容之一。于是，源自西方的这一重视艺术研究的传统，与中国古代艺术理论中注重抒情的传统一起，共同塑造了中国现代美学重视艺术、关注抒情的学术传统。当然，从20世纪前半段美学理论的构建看，这一侧重艺术学的研

---

① 徐大纯：《述美学》，《东方杂志》第十二卷第一号（1915年）。

究传统，也只是“传统”之一，与另外的两支，即哲学研究、文化研究一起，共同汇成了中国现代美学的学术传统。

中国现代美学理论建构注重艺术研究的个案很多，从王国维到宗白华、朱光潜，以及李长之、李健吾等学者，其美学研究中均呈现出重视艺术研究的倾向。本节以理论体系建构意识最为明显、成果最为卓著的朱光潜先生为例，对这一研究取向做了简单说明。

朱光潜先生的美学理论体系建构，体现在其《文艺心理学》、《变态心理学派别》，以及《谈美》等一系列著作中。其中《文艺心理学》是其美学理论最为集中的阐述，《变态心理学派别》可以算作基础性研究，而《谈美》可以算作是理论体系完成之后的散文化表述。而其《文艺心理学》就是一部以“文艺的创造和欣赏”为研究对象的“美学”著作。朱光潜先生在该书“作者自白”中说：

> 这是一部研究文艺理论的书籍。我对于它的名称，曾费一番踌躇。它可以叫做《美学》，因为它所讨论的问题通常都属于美学范围。美学是从哲学分支出来的，以往的美学家大半心中先存有一种哲学系统，以它为根据，演绎出一些美学原理来。本书所采的是另一种方法。它丢开一切哲学的成见，把文艺的创造和欣赏当作心理的事实去研究，从事实中归纳的一些可适用于文艺批评的原理。它的对象是文艺的创造和欣赏，它的观点大致是心理学的，所以我不用《美学》的名目，把它叫做《文艺心理学》。这两个名称在现代都有人用过，分别也并不很大，我们可以说，“文艺心理学”是从心理学观点研究出来的“美学”。①

从《文艺心理学》的章节构成看，该书写作也贯彻了从心理学观

① 朱光潜：《文艺心理学》，安徽教育出版社1996年版，第1页。

点研究文艺现象的“美学”主张。全书一共十七章，其中名称中含有“艺术”的共有五章，另有两章分别包含“悲剧”和“喜剧”，共计有七章是以“艺术”现象分析作为主要内容的，其余十章中六章谈“美感”，三章谈“美”，还有一章专门谈克罗齐的美学。

由此可见，该书名为《文艺心理学》，实则是一部以文艺现象为研究对象的美学著作。代表了现代中国美学体系建构方式中以“艺术”为中心的艺术学研究取向。

三、以“文化”为中心的社会学研究取向

五四时期的“新文学运动”中，陈独秀与胡适之等诸位先生的文学革命主张，实际上就是以文学艺术作为改变旧的社会文化、文艺传统的手段的。这一价值取向的具体内容虽然有别于梁启超等人发起的“三界革命”中的主张，但二者以文学艺术为手段而非目的、关注社会“文化”研究而非单纯文艺“审美”研究的社会学研究路径则是基本一样的。作为现代文学的开端，五四“新文学运动”的这一价值取向影响极为深远，不只是五四时期，一直到今天，这种影响依然存在；从这一价值取向的精神渊源看，不唯有外来思想文化的引导，亦有深厚的历史文化基础，诚可谓源远流长、泽被后世者。

中国古代文论向来有“经世致用”的传统，无论是“诗言志”还是“文以载道”，宣扬的都是文学艺术要为政治道德伦理等制度和观念服务。五四“新文学运动”虽然强烈反对旧的文学主张，但在以文学艺术为工具以实现其社会目的方面，与传统文论却是一脉相承的。陈独秀主张的“三大主义”，表面是革新文学观念和文学形式，实际上其目的就在于“革新政治”。《文学革命论》曰：“今欲革新政治，势不得不革新盘踞于运用此政治者精神界之文学，使吾人不张目以观世界社会文学之趋势及时代之精神，日夜埋头故纸堆中，所目注心营者，不越帝王权贵、鬼怪神仙与夫个人之穷通利达，以此而求革新文学、革

新政治，是缚手足而敌孟贲也”[①]。

总体看来，五四以来的现代文艺观念，受西方文化和文论的影响显然更大一些，其中包括马克思主义思想和文艺理论。五四前后传入中国的西方文艺思想，实际上较为驳杂，既有源于西方人文主义思潮的自由、平等、独立观念，也有注重现实和实用的达尔文“进化论”、杜威“实验主义”等思潮。然而，历经沧桑之后，20世纪三四十年代依然活跃在文学艺术界的，却大都是重视社会治乱而非个体悲欢、关注现实文化而不仅仅艺术本身的各种文艺思潮，尤其是带有强烈现实主义精神的马克思主义文艺思想。“历史已经昭示，外来的任何批评观念和范式都程度不等地经过了中国化的过滤和变形”[②]。20世纪前半叶美学理论体系建构过程中，以“文化”为中心的社会学研究取向逐渐从小众走向大众，从支流成为主流，社会历史的变迁，显然是最主要的推动因素。

这一价值取向的影响，在20世纪20年代的“文学研究会”、20世纪30年代的“中国左翼作家联盟”那里表现得极为明显；而几乎贯穿整个中国现代革命历史的马克思主义文艺思潮，则成为这一价值取向最为耀眼的代表。

五四以来，以马克思主义作为指导思想的文艺理论家很多，我们可以列出一个很长的名单，其中影响最著者，如冯雪峰、胡风、周扬、蔡仪等人，均在理论体系建构方面有所建树。本节以其中体系建构意识较强，且最能体现时代特色的周扬文艺理论作为代表，分析这一时期以社会“文化”问题为中心的文艺理论体系建构方式。

以周扬作为代表人物，并非因为他的理论体系有多少突出的建树，而是因为他长期担负中国共产党的文化领导工作，其主要职责之

---

① 陈独秀：《文学革命论》，《中国文论选》现代卷（上），江苏文艺出版社1996年版，第13页。

② 许道明：《中国现代文学批评史新编》，复旦大学出版社2002年版，第3页。

一就是“根据特定的革命政治的需要而有侧重地解说、宣传与运用马克思主义文艺理论与毛泽东文艺思想”[①]。因而，其理论建设一方面常常代表中国共产党的集体意识，另一方面也因此产生了较大影响。

周扬的文艺理论体系构建工作始于20世纪20年代末，20世纪40年代初期已经形成并借助其文艺评论产生了重大影响。温儒敏先生曾将周扬的文艺批评理论概括为“三论”：从属论、形象论、本质论。温先生认为：“‘三论’是周扬早期批评理论的要点。其核心作为‘从属论’，即文学服务于政治，主要起宣传的实际作用；‘形象论’与‘本质论’作为‘从属论’的两翼，是达到‘服务政治’而必备的条件与步骤。‘三论’相辅相成，粗略地搭起了周扬早期文学理论的架构。[②]”周扬的“三论”文艺理论体系的形成，既有苏联文艺理论的影子，也有二十世纪三四十年代时代潮流的影响。因而，周扬的文艺理论不仅是三十年代左翼文学思潮的代表，也是四十年代解放区文艺政策思想的权威阐释。

1949年建国前夕，中华全国文学艺术工作者代表大会召开，周扬在大会上做了题为《新的人民的文艺》的报告。报告中阐述的文艺理论思想，基本上是“三论”思想的体现，强调在正确的思想指导下，用新的语言形式，反映新的时代内容。“从属论”，被表述为“反映”论，反映新的时代产生的新的主题；“本质论”和“形象论”被表述为“思想性”和“艺术性”，思想性来自对政策的解读，艺术性来自对群众语言的学习，强调思想认识的正确与语言风格的大众化。[③]

显然，以周扬为代表的中国化的马克思主义文艺理论体系，关注

---

① 温儒敏：《中国现代文学批评史》，北京大学出版社1993年版，第179页。

② 温儒敏：《中国现代文学批评史》，北京大学出版社1993年版，第186页。

③ 参见周扬：《新的人民的文艺——在中华全国文学艺术工作者代表大会上关于解放区文艺运动的报告》，王运熙主编《中国文论选》现代卷（下1），江苏文艺出版社1996年版，第615—635页。

的主要是社会文化问题，重心不在文学艺术自身，而在其能够发挥的作用。角度基本是社会学的，而观点则是实用的。

第四节 文艺理论与美学理论的分流与融合

回顾20世纪80年代“文艺美学”学科的建立背景及过程，我们可以将其学科成立的内在依据，一直上推至现代文艺理论与美学理论建立之时，并在这两门学科在20世纪的发展历程中，探寻其成立的历史动因和学理依据。历史地看，清末以来我国文艺理论与美学理论的发展，虽然起点和走向都呈现出“二水分流”的状态；但二者之间的关系却并不总是处于游离状态的，而是长期处于互相支撑、互相支持的状态；20世纪40年代之后，终于在革命战争的历史洪流中，实现了文艺理论与美学理论的深度融合。而这种深度融合，一方面使我们看到了文艺美学学科形成的可能；另一方面，这种融合却是以牺牲文学艺术的审美属性为代价的，也在现实中将美学研究从关注现实再一次推向哲理研讨。而这两种倾向，经过中华人民共和国成立初期30年的发展，最终在20世纪70年代末80年代初为文艺美学学科的建立，提供了思想基础和历史契机。

从“文艺美学”学科发生的学理依据和历史动因看，可以视为是文艺理论与美学理论在中国现代社会的时代背景中，既相对独立、也相互渗透的发展结果。20世纪初，一方面，讲求“经世致用”的古代文论逐渐被“审美无功利”说取代，使现代中国文艺理论具有了注重审美属性的底色；另一方面，原本属于哲学分支的西方美学传入中国之后，在寻求中国传统文化资源支撑的过程中，逐渐向艺术理论渗透，使现代中国的美学理论具有了尤为注重艺术现象的实践品格。而现代中国的特殊历史背景，以及中国文人以天下为己任的精神传统，使得文艺理论与美学理论均逐渐走出象牙塔的清谈语境，汇入争取民族解放与国家建设的时代潮流中。于是，文学艺术、审美境界与时代精神的融合，成为20世纪上半叶我国文艺理论与美学理论发展的共同特色。随着时代发展，20世纪40年代之后的时代精神中，马克思主义逐渐成为主流，也使得中国特色现代文艺理论体系的构建，摆脱了对传统文论和西方文论的依赖，具备了独立发展的条件。然而，建国前后社会斗争的严峻形势，并没有给文艺理论和美学理论的发展留下充分的时间和空间，国内政治斗争的严酷和国际形势的收紧，不断挤压文艺理论对审美属性的认知空间，使得文学艺术逐渐成为时代政策的传声筒；也不断剥离着美学理论与文艺实践的依存关系，使得美学研究越来越少人间烟火气。也正是文艺理论的去审美化，与美学理论的去实践化，导致了改革开放初期的对于文艺理论注重审美与美学理论关注实践要求的反弹，也最终促成了“文艺美学”这门新兴学科的出现。

一、文学艺术审美属性的得与失

五四“新文学运动”之前，随着晚清封建统治的逐渐崩溃，各种未经中国化的西方文艺思潮涌入国门，其中既有偏于自律的“非功利论”，亦有偏于他律的各种实用主义思潮。然而无论这些思潮具体主张什么观点，其用意皆在改变传统文艺观。正如有学者所指出的，“中国现代美学是作为近现代思想启蒙运动的一部分而降生的”[①]，从现代美

① 陈伟：《中国现代美学思想史纲》，上海人民出版社1993年版，第10页。

学学科（包括文艺学）在中国的形成看，这一时期文艺理论与美学理论体系建构意识的萌动，的确是与当时整个社会文化的“启蒙”动机非常紧密地联系在一起的。如果我们将目光拓展到五四之后直到新中国成立这段时间，那么推动文艺学美学学科发展的推动力，至少还应该加上“救亡”“革命”等现实动机。概而言之，晚清以来文艺学美学学科的形成与发展，无论“自律”还是“他律”，其动机皆与对传统文论的改变或者纠偏相关；而整个20世纪前半叶文艺学美学学科的发展轨迹，却昭示了社会背景对于学科发展是一种巨大的影响乃至决定性的力量。

关于晚清以来现代性文学观念的起源，王一川先生认为，“清末以来来自欧洲的现代性体制把文学规定为一种语言的艺术，而这种语言的艺术又是与音乐、舞蹈、戏剧、美术等门类一道同属于以唤起人的美感为基本特征的‘美的艺术’范畴的”[①]。从文艺理论体系建构的角度看，这段话揭示了两个史实：首先，包括文学在内的现代性艺术观念（包含音乐、舞蹈、戏剧、美术等多个门类）是清末从欧洲（习惯上指“西方”）舶来的；其次，艺术的基本特征（相当于“本质”）在于“唤起人的美感”。从目前所知传世文献看来，19世纪末（约1893年）金天羽创作《文学上之美术观》一文时，已经使用了相当于后来“艺术”一词的“美术”，且明确指出“其（美术）第一之效用，固在表其心之感，其第二之效用，则以其感之美，将骊乎物之美以传”[②]，已经将“审美”视为艺术之基本特征之一。嗣后，王国维，蔡元培、鲁迅等人都延续了这一观点。

从现代中国文艺理论的理论来源看，以“审美”作为文学艺术的

① 王一川：《回到语言艺术原点——文艺美学的三次转向与当前文学的间性特征》，《文学评论》2019年第2期。

② 金天羽：《文学上之美术观》，转引自王运熙主编《中国文论选》近代卷（下），江苏文艺出版社1996年版，第367—368页。

基本特征，其实是既有历史渊源，也有现实根据的。换言之，这一观念不仅有西方文艺理论的影响，也有中国传统文论资源的支撑。

正如我们已经分析过的，西方文论观念歧出，既有注重“非功利”的审美主张，也有强调效果的实用观点，究竟何种主张能够被中国现代学者接受，还要看当时的社会环境。从清末中国社会的现实处境看，经过了鸦片战争以来半个多世纪的冲突和探索，晚清社会各阶层人士大都认识到社会制度以及文化观念变革的必要性。于是，19世纪末与20世纪初，被裹挟在海量西来观念之中的西方文艺理论，也开始在部分先知先觉的文人群体之间传播。

而晚清时期的中国文论观念，传统的“经世致用”思想依然占据主流。于是，作为对旧思想的反叛，最先在清末中国学术界得到认可并逐渐播布开来的，就是与“经世致用”文艺观相对立的“审美无功利”说了，这一点在王国维、蔡元培一辈学者那里非常明显。

西方传入中国的“审美无功利”，实际上还存在不同版本。康德所谓“无功利”，指向的是形式之美，无关内容；而源自克罗齐、白壁德等人的审美观念，则渗入了诸多情感因素。20世纪之初形成的中国现代文艺学美学理论体系中，广为接受的并非康德“无功利”“无目的”的形式美理论，而是更偏于表现、注重抒情的一派西方美学思想，这一点在五四时期之后先后成立的创造社、新月派等学术群体的文艺主张中较为显著。这种文艺审美观念的形成，除了西方思想的影响，传统文论之“缘情说”“兴趣说”“童心说”“性灵说”，以及“境界”“意境”等偏重内心体验一系列观念的影响，也是不可忽视的重要因素。就现代文艺理论的形成而言，西来观念只是“种子”，生根发芽还需要传统文论的“土壤”培育；“审美无功利”在清末民初文化运动之新风尚鼓动下，逐渐成为20世纪以来的最重要文艺思想之一。

事实上，作为深受传统文化浸润的现代学者，他们的心灵深处依然保留着深厚的“以天下为己任”的士大夫精神，因而也就不可避免地尝试将新的文艺思潮融入社会人生的改良之中。这也就可以解释王国维何以能够接受叔本华的“解脱”说，并尝试以之解脱自己进而解脱众生的“忧生”之苦，其中显然已含有“忧世”之意；而当他发现叔氏之说实际上无助于“解脱”众生精神苦痛之后，又更寻它路，最终经由康德之学折回传统学术之中。[①]蔡元培先生的思想则更为豁达，他认识到艺术具有“一种超越利害的兴趣”，同时又认为艺术可以“融合一种划分人我的僻见，保持一种永久平和的心境”[②]，因此倡导“以美育代宗教”之说。[③]以美术（即“艺术”）改良人心，进而改变社会之用意极为明显，是亦为“经世致用”之一种表现。

五四运动百年之后，2019年王一川先生在回顾文艺美学发展历史时认为，现在应当回到文艺观念的“现代性原点”，即视文学为一种语言艺术，而将“唤起人的美感”视为艺术的基本特征。这就意味着，五四之后的一百年来，“唤起人的美感”并未一直被视为“艺术”的基本特征，而是在与“从属论”“工具论”的错综复杂关系中不断浮沉出现的。

中外文艺理论发展的历史表明，无论中西，人们对于文学艺术本质特征的认识，始终是存在不同理解的。在某一特定阶段，何种文艺主张在当时的文艺界占据主流，往往是由当时的社会背景决定的。

回顾整个20世纪前半叶的社会历史，“启蒙”“救亡”“革命”先后成为那些特定时代的主旋律，反应在文艺理论研究领域，就是关于文艺社会功用的文艺理论始终占据主流。当然，在不同历史时期、不同学术流派那里，关于文学社会功用的理解并不一致。概而言之，晚

① 王国维先生的这一段学术经历过程较为曲折，可参见高迎刚《故园之恋——王国维学术转向之过程及原因考辨》，山东文艺出版社2019年版。

② 蔡元培：《文化运动不要忘了美育》，1919年发表于《晨报副刊》，转引自《广播周报》1937年第125期，第54页。

③ 参见蔡元培：《以美育代宗教说：在北京神州学会演讲》，1917年发表于《新青年》第3卷第6期，第10—14页。

清改良派梁启超、黄遵宪等人的文艺主张最为实际，梁启超“三界革命”突出的就是文学艺术改良人心之功用。五四时期陈独秀、胡适之等人的文学革命主张，目的在于通过文学革命实现文化革命，进而实现社会革命，具有较为明显的西化倾向和理想色彩。五四之后，从“文学研究会”到“左翼作家联盟”，马克思主义文艺理论的影响日渐明显；但在20世纪二十至三十年代，不同政治势力影响范围内，文艺理论的存在形态也大不相同，于是彼时关于文艺不同属性、不同功用的理解也就异彩纷呈。20世纪40年代之后，随着中国共产党领导的革命根据地影响日渐扩大，以及抗日战争、解放战争的渐次展开与时局的日趋明朗，马克思主义逐渐深入人心，体现在文艺理论领域就是以周扬、蔡仪等人为代表的新的美学思想逐渐成为主流，这也就意味着，文学艺术的审美属性逐渐沉潜，而工具属性则渐趋明显而高扬。

二、美学研究与文艺实践关系的变迁

“美学”作为一门学科在中国的形成，始自20世纪初王国维、蔡元培、梁启超等现代学者对西方Aesthetics的引进和介绍。虽然19世纪七八十年代西方传教士花之安Ernst Faber、罗存德Wilhelm Lobscheid等人曾经尝试用汉语词汇翻译Aesthetics一词，但他们并没有进行学术性的研究，也没有在学术界产生实际影响。20世纪初，“在王国维、蔡元培、康有为、梁启超的影响下，‘美学’成为定译”[①]，美学学科也得以形成。王国维的美学研究，从一开始就是围绕文艺批评展开的，从其产生重要学术影响的、最著名的两篇美学著作看，无论是1904年发表的颇类西方学术论文的《〈红楼梦〉评论》，还是1908年发表的沿袭中国传统诗话形式的《人间词话》，文学艺术，尤其是文诗词、小说等文学作品，无疑是王国维美学研究的重心所在。这种美学研究方式

① 张法主编：《中国美学史》，高等教育出版社2015年版，第5页。

的形成，一方面是因为王国维最先接触的主要是康德、叔本华、尼采等人的美学思想，而他们的美学研究承袭鲍姆嘉通以来的研究传统，将“艺术”研究视为美学必然的组成部分，而美学研究又是哲学研究的组成部分。于是，在王国维的美学研究中，我们也常常看到以哲学眼光观照艺术现象的研究方式。另一方面，这一研究范式的选择，也与王国维自身的性格和禀赋有关，他自幼多愁善感、思考人生问题，也喜欢填词作诗、品评历代文人。1907年他在《静庵文集》“自序（二）”中说，“要之，余之性质，欲为哲学家则感情苦多，而知力苦寡；欲为诗人，则又苦感情寡而理性多。诗歌乎？哲学乎？他日以何者终吾身，所不敢知，抑在二者之间乎？”[①]以他这样的秉性，加之自幼深受传统学术浸染的成长环境，以哲学眼光观照艺术现象，的确是较为适合他的学术研究方式。当然，也正如他自己所意识到的，哲学与艺术二者之间在研究方式上其实是存在矛盾的，“可爱者”与“可信者”之间，总需做一个选择，这也就可以理解他何以在《人间词话》完成之后，逐渐转入文史、经史研究领域了。[②]

然而，美学与艺术学毕竟不是同一门学科，随着两门学科研究的渐次展开，二者之间的分野也逐渐明显。1915年，徐大纯发表《述美学》一文，详述西方“美学”之源流、阐释美、美感诸概念，以及分析美的范畴与分类等关于美学学科的重要内容，已经与艺术学或者艺术批评全然不同。[③]1923年，滕固在《艺术学上所见的文化之起源》一文中明确指出，“艺术学并不是美学”；[④]稍晚些时候，宗白华也在《艺

① 王国维：《静庵文集续编·自序（二）》，《王国维文集》第三卷，姚淦铭、王燕编，中国文史出版社1997年版，第473页。

② 王国维先生的这一段学术经历，可参见高迎刚《故园之恋——王国维学术转向之过程及原因考辨》，山东文艺出版社2019年版。

③ 徐大纯：《述美学》，《东方杂志》，第十二卷第一号（1915年）。

④ 滕固：《艺术学上所见的文化之起源》，《滕固艺术文集》，沈宁编，上海人民美术出版社2003年版，第243页。

术学》中辨析了艺术学与美学之间的关系："艺术学本为美学之一。不过，其内容与方法，美学有时不能代表之，故近年乃有艺术学独立之运动"[①]。

虽然如此，艺术现象依然是美学最重要的研究对象之一。20世纪二三十年代的诸多文艺学美学论著中，文艺学、美学、艺术学等概念也常常被不加区别地混用。比如，1923年，吕澂著《美学浅说》，全书一共六章，有三章都是在谈艺术问题。[②]1936年朱光潜先生在其《文艺心理学》的"作者自白"中说，"这是一部研究文艺理论的书籍。我对于它的名称，曾费一番踌躇。它可以叫做《美学》，因为它所讨论的问题通常都属于美学范围"[③]。明显表明了当时人们对于"美学"、"文艺学"等概念的模糊认识和处理。

20世纪七十年代末八十年代初"文艺美学"学科形成之前，美学领域影响较大的观念是20世纪五六十年代美学大讨论之后形成的"四大流派"，美学领域这一研究状况的形成，可以上溯至20世纪三十年代末至四十年代已见雏形，而其最终形成，则要到20世纪五六十年代的美学大讨论之后。

20世纪30年代末，伴随着马克思主义在左翼阵营中影响力的日益扩大，以鲁迅、瞿秋白、冯雪峰等人为代表的马克思主义文艺理论家，在与"新月派"、"自由人"、"第三种人"等主张的资产阶级文艺理论观点论争的过程中，逐渐扩大了马克思主义文艺理论的社会影响，也使文艺理论和美学理论与社会现实之间的联系日渐密切。在这一社会现实急剧变化的过程中，文艺理论和美学理论在观念上逐渐融合，在形态上却沿着不同的方向各自发展。概而言之，文艺理论逐渐沉潜入文艺批评之中，却离文艺的审美特征渐行渐远，越来越强调文艺的社

① 宗白华：《艺术学》，见《宗白华全集》，安徽教育出版社1994年版，第496页。
② 参见吕澂：《美学浅说》，商务印书馆中华民国十二年初版。
③ 朱光潜：《文艺心理学》，安徽教育出版社1996年版，第1页。

会功能；美学理论则趋向理论探讨，与文艺评论渐次拉开距离，同时也逐渐远离美学初入中国时形成的注重感性体验、偏于“自律”意识的审美观念，而逐渐形成了注重客观、强调实践的唯物主义美学观。

历史地看，20世纪40年代形成的注重客观、强调实践的唯物主义美学理论体系，其实在20世纪30年代末就已经初步形成。1937年，周扬《我们需要新的美学》，批判了以朱光潜为代表的将艺术作为心理现象来看待的美学观。20世纪40年代，蔡仪先后出版了《新艺术论》和《新美学》两部著作，奠定了其“美在客观”的基本观点。他认为，“我们认为美是客观的，不是主观的；美的事物之所以美，是在于这事物本身，不在于我们的意识作用。但是客观的美是可以为我们的意识所反映，是可以引起我们的美感。而正确的美感的根源正是在于客观事物的美。[①]”

有学者在分析20世纪前半叶中国学者关于“美的本质”问题的研究历程时认为，“经过范寿康、吕澂、徐庆誉对‘美’的问题的知识学讨论，与戴岳、陈望道对‘美感’问题的哲学讨论，‘美的本质’问题在现代美学体系中的基础地位初步得以确立。但真正站在现代科学主义的立场上，从知识社会学的角度，将‘美’与‘美感’区别开来，奠定‘美的本质’问题的科学主义根基者，却是蔡仪”[②]。这是不错的，总的看来，20世纪40年代之后一直到改革开放之前，美学理论的哲学学科分支属性重新得到了强化；但学科属性的回归，并不意味着审美精神的复原，反而成为文学艺术之工具属性的理论基础。

三、文艺理论与美学理论的分离与合流

现代学科体系中，文艺理论与美学理论在精神方面的契合，既有

① 蔡仪：《蔡仪文集》（第1卷），中国文联出版社2002年版，第235页。

② 谷鹏飞：《“美的本质”的早期讨论与中国现代美学体系的奠基》，《西北大学学报》2017年第1期。

传统的基础，也有西方理论的支持。在西方，虽然不同美学观点异彩纷呈，但源自康德的“审美非功利”主张却一直是影响最大的一派观点；20世纪初美学初入中国，王国维、蔡元培等人一方面借西方美学观念，用以改变传统的以“经世致用”为主流的文艺观念；另一方面也接续传统中源自“缘情”说的一派观点，用以建立中西合璧的新美学观。

如果我们沿着时间的长河回溯，就会发现在西方美学进入中国之初的十年左右时间，美学与文艺理论常常是纠缠在一起的；随后美学理论与文艺理论逐渐开始建立各自新的学科，二者之间的学科分野渐次明显；五四前后，随着国内外时局渐趋紧张，在传统文人“天下兴亡、匹夫有责”的思想影响下，文学艺术“经世致用”的传统精神也渐渐回归，并在20世纪的第三个十年里，在文艺理论和美学理论领域均逐渐形成了注重文艺社会功能的新文艺审美观念，文艺理论和美学理论也渐次合流。随后，在20世纪的40年代，随着马克思主义逐渐成为文学艺术理论主导理论，文艺理论和美学理论的发展也呈现出新的面貌，一方面二者依然存在分野，另一方面却又在精神层面上实现了高度统一。

从理论体系构建的角度看，文艺理论和美学理论的分离或者合流，与二者对“审美非功利”观念的接受与否并不存在直接的联系，而更多地体现着二者各自对时代精神的自觉回应。当启蒙思想在社会上占据主流时，二者倾向于在相互呼应的基础上各自独立发展，于是两种学科就容易呈现为分离的状态；而当救亡观念逐渐走上前台，两种学科的建设共同指向民族解放的现实目的，二者就易于呈现出合流的状态；新中国成立前后，两种学科逐渐由合流再度转向分离，然而却又在精神层面上互相支撑。也正是二者之间的这种“貌离神合”为20世纪80年代“文艺美学”学科的形成提供了历史动因与学理依据。

第六章

20世纪上半叶文化转型与审美风尚的演化

20世纪上半叶是我国社会现代化转型的重要历史时期，在西方势力入侵的外在压力与中国自身现代化转型的内在动力双重挤压下，包括知识阶层在内的中国社会各界陆续开启了关于中国社会现代化转型路径的探索。中国向西方的学习过程，始于科技，次及制度，然后着眼于文化，最终以革命的方式推翻了中国传统社会制度，并先后建立了资本主义和社会主义两种社会制度。中国社会的每一步变革，看起来似乎总是精英阶层在起决定性的作用；然而历史告诉我们，中国社会更为广泛意义上的人民群众才是实现救亡图存与社会变革的决定性力量。

就社会文化的变革而言，知识阶层的价值观念更新与普罗大众审美风尚变化之间，始终存在密切的互动关系：知识阶层的文化启蒙给大众审美带来了新的观念，而流行于市井细民间的社会审美风尚则构成了整个社会的时代审美氛围。这种时代审美氛围既是中国文化现代化转型所投下的影子，亦是中国社会现代化进程不可忽视的推动力。在千古未有之大变局中，知识阶层的“文化启蒙”愿景逐渐取代了“文以载道”的文化底色，随之社会各阶层的审美风尚也跟随时代不断发生变化。需要注意的是，社会审美风尚毕竟不同于文化人的审美观念；20世纪上半叶中国社会的审美之风，也并非只是从一个方向吹来。西来的欧风美雨与依然留存的文化传统，造成中国现代社会的种种审美风尚都在中国广袤的大地上被容纳、被呈现，也不断被改写，从而在艺术与社会生活的方方面面呈现出一种复杂的纠合状态。

总体看来，20世纪上半叶审美风尚的转变，与该时期文化观念的转型既相互影响也相互补充，从而呈现出中国社会现代化转型的总体一致性与局部复杂性。就内在的文化形态而言，20世纪上半叶中国文化传统的“文以载道”观念逐渐被打破，“文化启蒙”的使命则成为当时知识界的共识之一，虽然在不同时期不同文人群体那里，“启蒙”的具体内涵并不完全相同。总体看来，20世纪上半叶以现代社会的文化转型为内在推动力，市井细民追新逐异的审美趣味，在大众传媒的推波助澜下渐成一时风尚；而处于民族存续危机不断加深的时局中，充满抗争精神的艺术风尚也得到了蓬勃发展。整个20世纪上半叶，“文化启蒙”作为那个时代新生审美风尚形成的内在契机，却始终以一种未完成形态存在，呈现出极大的不稳定性特征，从而也带动了审美风尚整体的多元与多变。于是，中国传统审美形态在不同审美风尚的交互迭代中被不断打破重组，走向一种多元并存的现代审美形态。近代以来，审美风尚的迭代速度大大加快，对比传统中国社会，大众审美作为“俗文化”的代表不再是被鄙视的对象，而得以获得在全社会产生普遍影响的权力。

第一节　文化观念的变迁与文人身份的改变

20世纪上半叶，社会审美风尚的变迁，依然延续着古老帝国“上行下效”的变迁逻辑，知识阶层的观念引领与显贵阶层的消费示范，也依然具有重要的参照意义。而中国的显贵阶层一部分是与知识阶层重叠的；另一部分军伍或者商人出身的显贵家庭，审美追求方面也在很大程度上受到知识阶层的影响。因此，当我们论及现代中国审美风尚变迁时，知识阶层的观念转变带给社会风尚的影响就成为首先需要关注的重点。一方面，社会制度的变革，带来文化层面的巨大变化，而改变了的文化观念，必然带来社会审美风尚的变化。清末民初以来处于社会上层的知识阶层和显贵阶层在西学东渐的过程中易于得风气之先，也很容易成为审美风尚的开创者和引导者。另一方面，社会制度的变革，也造成知识阶层多数人身份的改变，由此带来文学艺术社会功能的某些变化，比如商业的因素、战争的影响，都会经由文人阶层传导到文艺现象。然而，文化以及作为其主要组成部分的文学艺术的发展，总是会有某些传承性的，比如现代知识阶层中普遍存在着的、沿袭自传统的“文以载道”文艺功能观，也在新的时代条件下，以“文化启蒙”的方式潜移默化地渗透在中国现代社会的文艺审美现象中。

一、文化观念的变迁与审美新风尚的形成

文化观念的变化，总是会潜移默化地影响着社会审美风尚的变迁。虽然在社会发展的某一具体历史时期，社会审美风尚作为表象，并不总是亦步亦趋地跟随着知识阶层心目中的文化理想起舞，从文化转型的观念层面到审美风尚的表象呈现，总是会不可避免地发生复杂的位移和偏离；然而，长远看来，文化理想的转型，必然会在社会审美风尚的变化方面得到体现，虽然社会审美风尚总会呈现出某种不确定和不稳定性，但其内在动因却必然归结于社会转型带来的文化转型。20世纪上半叶中国社会审美风尚的变迁，也印证了这一点。

杜维明先生曾指出："在中国，'现代化'一词出现于20世纪30年代，大概是受到日本学术讨论的影响，中国当时最有影响的报纸《申报》就中国发展方针问题组织了一系列辩论。[①]"当时中国知识阶层展开了大量关于"现代化"问题的讨论，并发表在作为现代传媒的报纸上，因而也就产生了传统社会文人"清谈"无法实现的社会影响。就客观效果而言，这些讨论不仅是知识阶层群体间关于救国之路的交流和探讨，同时也借助大众传媒的力量，实现国民认识水平的整体提高，从而在一定程度上实现着国民启蒙的目标。关于"启蒙"的社会作用，康德提供了这样一种观点：

> 启蒙运动就是人类脱离自己所加之于自己的不成熟状态。不成熟状态就是不经别人的引导，就对运用自己的理智无能为力。当其原因不在于缺乏理智，而在于不经别人的引导就缺乏勇气与决心去加以运用时，那么这种不成熟状态就

---

①〔美〕杜维明：《多重现代性：东亚现代性含义初步探讨》，转引自〔美〕塞缪尔·亨廷顿、劳伦斯·哈里森主编《文化的重要作用——价值观如何影响人类进步》，程克雄译，新华出版社2010年版，第315页。

是自己所加之于自己的了。①

这也就是说，所谓“启蒙”便是让处于社会之中的每一个人都能够不经他人的引导而自主地公开运用自己的理智。20世纪上半叶发表在报纸、刊物上的一系列关于“现代化”问题的讨论，实际上也是当时的知识阶层试图用以启蒙大众的一种方式。知识阶层在报刊上的论争，客观上也推动了普通民众自觉地运用理性进行思考，而不再是传统意义上对上层知识阶层观念的单向接受。而报刊作为现代传媒的大量发行，也使这些知识阶层的思想得以在较大社会范围内传播，从而使得推动社会审美风尚的转变成为了可能。

当然，知识阶层“文化启蒙”的思想得以深刻影响社会审美风尚还有另外一个重要原因。那便是当时的知识阶层在“文化启蒙”的方式上并没有单纯选择哲学、科学等理论化的方式，而是更多地选择了以艺术、审美等对于普通民众而言更加易于接受的方式来推进。中国古代文论中“文以载道”的传统也并没有被完全抛弃，而是以隐性的方式潜入到“文化启蒙”的努力之中。

以文学艺术的方式进行国民文化改造，显然是当时很多文化人的选择。对广大群众而言，更容易接受的小说、戏曲、电影等艺术形式，也就成为了这些知识阶层首先进行改造的对象。1902年梁启超在《新小说》上发表《论小说与群治之关系》，便极力宣扬小说革命对于国民性改造的重要作用：

> 欲新一国之民，不可不新一国之小说。故欲新道德必新小说，欲新宗教必新小说，欲新政治必新小说，欲新风俗必新小说，欲新文艺必新小说，乃至欲新人心、欲新人格必新

①〔德〕康德：《答复这个问题：“什么是启蒙运动？”》，转引自〔美〕唐纳德·普雷齐奥西《艺术史的艺术：批评读本》，易英、王春辰、彭筠等译，上海人民出版社2016年版，第65页。

小说……[①]

20世纪上半叶，上海、南京等地渐趋繁荣的现代传媒，为大众文艺的流行创造了条件；而城市生活所带来的工作方式和生活方式的改变，也给当时的城市居民带来了大量的闲暇时光。于是，欣赏小说、戏剧、影视等就成为了当时非常时髦的休闲娱乐方式。大众娱乐业的广泛流行让知识阶层看到，要想改造国民性，只有通过最容易让普通民众接受的文学艺术，以寓教于乐、潜移默化的方式对群众的思想和行为进行教育和改造。不惟梁启超，当时的很多文化界人士都在报刊上发表了类似的意见，如1915年发表在刊物《娱贤录》上的一篇文章便写道：

> 传有曰："移风易俗，莫善于乐。"然则欲易今之风俗，舍改良戏曲，其道莫由。吾敢为吾国民正告曰：戏曲者，最普通之教育也，亦最切要之教育也。[②]

作者试图通过对中国古代故事重新编剧，来实现国民教育的目的，这样一种教育目的也带有鲜明的时代特征，显示出民国时期的社会状态。从文章中我们可以看到，作者试图达到的教育目的包括这样一些方面：伦理、实业、外交、军事、拓地殖民……而对当时社会上出现的种种不良倾向，如湛于利、溺于色、多所争、缺乏公德、轻言自由等，也以编写戏剧的方式进行国民教育和对国民性的改造；作者认为戏剧的作用在于："表章伟人，诛殛奸邪，阐扬道德，崇尚节义，摒除迷信之还，杜绝淫盗之媒。[③]"民国时期，所谓"文明新戏"也同小说

① 梁启超：《论小说与群治之关系》，《新小说》1902年第1卷第1期，第24—31页。

② 庶庄：《艺坛片影：理想之新戏目序》，《娱闲录：四川公报增刊》1915年第16期，第43页。

③ 庶庄：《艺坛片影：理想之新戏目序》，《娱闲录：四川公报增刊》1915年第16期，第43页。

一样，正是很多文化界人士试图借以改造国民性的重要工具。

在20世纪上半叶文艺审美形态发生现代化转向的历史进程中，传统的文艺功能论并没有彻底销声匿迹，只是将“文以载道”转换成了“文化启蒙”。传统文化中“修齐治平”的士人情怀，也依旧在当时的知识阶层中发挥作用，使他们在国家危亡之时能够振臂高呼，力图救国家于水火之中。社会制度改变，“道”亦发生改变，但“载道”仍旧是知识阶层在“文化启蒙”过程中对文学艺术的重要期许之一。

二、文人身份的改变与文艺功能的变迁

20世纪上半叶的中国，知识阶层的身份也普遍发生了巨大的改变。传统社会的知识阶层，绝大多数作为文人士大夫在朝廷为官，成为官僚体制中的一员。在复杂的政治环境和官僚体制之内，又需处理大量的政务性工作，使得知识阶层群体无法自由而充分地进行文学艺术创作活动。清朝覆灭之后，知识阶层群体和官僚体制逐渐发生分离，处于官僚体制之外的自由知识阶层，或以教书为业或以文艺谋生，显然具有了更加充分的理由和充足的条件投身于文艺创作之中，从而创作出一大批优秀的文艺作品。

当时的知识阶层除了亲自投身文艺实践，按照其理想目标创作文艺作品之外，还通过创办报刊，发表其他作家的作品来实现启蒙国民的目标。1906年，清政府废除科举制度，更多的文人群体进入自由知识阶层，此时全国出版的报刊已多达数百种，除了刊登新闻之外，文学娱乐内容也占据了很大的版面。其中尤以梁启超创办的《新小说》（1902）、李宝嘉主编的《绣像小说》（1903）、吴沃尧与周桂笙编辑的《月月小说》（1906）、吴摩西编辑的《小说林》（1907）四种文学刊物影响最大。从文艺作品的创作到刊物的创办，新的文艺审美风尚获得了发展的土壤和空间，也在知识阶层的鼓动下不断传播，推动着传统文艺审美向一种新的形态转变。

20世纪上半叶文艺审美风尚的转变，看似是一种社会自发的流行趋向，然而细究起来，其背后的推动力还是应当归于知识阶层“文化启蒙”。20世纪上半叶，知识阶层的观念中往往带有一种理想化的社会图景，而这样的一种社会理想图景在其创作过程中必然以一种审美的方式呈现在他们的作品中。在考察民国时期上海都市文化时，李欧梵先生认为：

> 其时，知识阶层和作家在他们试着界定一个新的读者群时，都企图想象一个民族（或国家）新“村”（但还不是民族国家）；他们试图描画中国新景观的大致轮廓，并将之传达给他们的读者，以及新学校和新学院里的学生。但这样的一个景观也止于“景观”——一种想象性的、常基于视像的、对一个中国“新世界”的呼唤，而非强有力的知识阶层话语或知识体系。换言之，这种景观想象是先于民族建构和制度化而行的。①

20世纪上半叶，从官僚体制中解脱出来的知识阶层，在社会制度建设层面上的话语权式微，而以笔墨为武器进行“书斋中的革命”，就成为了当时自由知识阶层参与社会变革的一种普遍选择，而这种“书斋中的革命”则往往寄托于文学艺术的审美方式，将理想化的社会景观与作家的切身体验融为一体。然而，大众传播过程之中，启蒙的愿景与改造社会的理想却往往很容易被忽略；反而是表象的现代都市生活的体验，在某种程度上转化成了审美风尚发生的起点。

传统社会“文以载道”的文艺功能观，更多地存在于社会上层文人士大夫的主观意识中；而在现代社会中，“文化启蒙”则成为知识阶

---

① 李欧梵：《上海摩登——一种新都市文化在中国1930—1945》，毛尖译，北京大学出版社2001年版，第56页。

层自上而下进行大众启蒙的社会现实。“文化启蒙”过程的实现，实际上意味着文艺作品在更为广泛的社会阶层中被接受和传播。从“文以载道”到“大众启蒙”，在其现实性上表现为20世纪上半叶的文艺审美行为，从知识阶层的小众审美转向广阔社会的大众审美，从书斋雅舍走向市井村居。由此可见，20世纪上半叶的社会审美风尚，以知识阶层的“文化启蒙”愿景为内在动因，以体现在文艺作品中的审美感受为起点，借助于现代报刊的传播媒介，迅速而广泛地在整个社会掀起具有现代性特征的审美风尚。

第二节　追新逐异的审美风尚及其背后的商业文化逻辑

20世纪上半叶中国社会的审美风尚，虽然以知识阶层的“文化启蒙”理想作为逻辑起点和内在动因，但当其经由文艺创作走向大众并成为一时风尚之时，其内在的“载道”动机却并不总是能够达成“启蒙”的效果。知识阶层在文艺创作中流露出来的具有强烈时代特征的审美体验，却似乎在不经意间成为了这一时期社会审美风尚的源泉之一。这一审美风尚的成因，除了文人阶层及其作品的下意识渲染，20世纪三四十年代以上海为中心的南方区域盛行的商业文化也是其重要的推动因素。尤其是以上海这一大都市为背景的现代文艺创作，其中所描写的与传统社会迥然不同的现代生活产生的文化冲击力，在给人带来强烈感官刺激的同时又具有漂浮不定的“水沫感”的审美体验，成为这一时期社会风尚的一种审美化了的记录。

一、“海派”文艺及其引领的“追新逐异”审美风尚

作为中国近代以来最为发达的商业都会，上海成为了20世纪上半叶审美风尚转迁最为活跃的地区。外来文化的强烈冲击，彻底颠覆了中国传统的审美模式。而上海经济崛起与新的社会形态的发展，也让当时的上海市民改变了传统的生活模式和社会关系。资本主义的生产方式也造就了一批更具经济实力的小资产阶级，他们追逐着来自西方的最新的审美动态，并以此为标准打造属于自己的生活方式。对很多生活在上海的市民而言，“新”成了“好”的代名词，而在很大程度上“西方”又成为了“新”的代名词。实际上，1930年的上海确实已是一个繁忙的国际大都会——世界第五大城市，她又是中国最大的港口和通商口岸，一个国际传奇，号称“东方巴黎”，一个与中国其他地区截然不同的充满现代魅力的世界。[①]从一位从东南亚到上海读书的异族年轻作家笔下，我们可以看到这样的一番景象：

> 还是醉下去：醉在爵士音乐的旋律上，醉在娇艳女人的怀里，醉在红灯绿酒之中，而又是在春天的晚上哪，有着那么温柔的风，那么清莹的月亮，……
>
> 去罢，抱着蕙心跳个华尔兹；喝杯黑咖啡，浓厚的味道可以刺激自家的神经。
>
> 去罢，忘去昨日的悲哀，去找茵子；听她清晰的娇声，听她的哀怨。
>
> 去罢！那儿有女人的微笑，颤动的乳峰，迷人的香气，……金钱与肉体交织的欢乐王国哪，虽说背后隐藏着许多的泪水，许多的罪恶！”[②]

---

① 李欧梵：《上海摩登——一种新都市文化在中国1930—1945》，毛尖译，北京大学出版社2001年12月第1版，第3—4页。

② 黑婴：《春光曲》，《狂流》1933年第1卷第1期。

那爵士音乐，那华尔兹，那黑咖啡，那来自西方的一切都在这个年轻人的眼中充满了诱惑。然而，作为知识阶层内心的道德观念却又同时让他不断地做出反思，看到金钱与肉体交织的欢乐王国之中隐藏着许多的眼泪，许多的罪恶。然而，很显然理性并不能够将这位年轻人从炫目的都市感官审美中解脱出来，他又不断地沉迷于此，都市的充满刺激性的极具感官冲击力的审美风尚显然对生活于此的年轻人更具吸引力。而当这样的审美体验被写成文字并经由报刊印刷广为传播时，对于生活在都市的人们来说，这种对于都市生活的道德反思显然并不足以抵抗这些文字所带来的诱惑性。来自西方的音乐、舞蹈和生活方式意味着一种全新的审美体验，逐渐形成以“海派”作为统称的各种艺术门类的不同流派，不知不觉间推动着市民社会审美风尚的转迁。

而在当时，不仅是这样的年轻学子，即使是在文学创作中表达出对资本主义社会罪恶强烈批判意识的左翼作家，也同样会在上海炫目的审美风尚中感受到一种强烈的冲击力。西方现代化的到来显然给大都市带来了更为便捷的城市生活，也带来了全新的更加具有感官冲击力的审美形态。每一个身处其中的人都不由地因社会生活的快速变化而感到刺激、惶惑与忧惧，却又无法控制融入其中的欲望。李欧梵先生在书中写道：

> 像茅盾，这个所谓的左翼作家，中共早期党员，在他的小说的第一页就透露了一个“矛盾”的信息：外国资本主义统治下的上海虽然很可怕——熙熙攘攘的景象，还是渗透出了她无穷的能量：LIGHT，HEAT，POWER！这三个词（光、热、力），再加上NEON（霓虹灯），在中文本中用的是英语，显然强烈地暗示了另一种“历史真实”：西方现代性的到来。[①]

① 李欧梵：《上海摩登——一种新都市文化在中国1930—1945》，毛尖译，北京大学出版社2001年12月第1版，第4页。

在文艺创作的表达之中，知识阶层对这样社会审美风尚不无批判，但即使对作者本人而言，也显然无法抗拒这种新的审美形态的吸引。在上海这样一个特殊的海港城市，既得风气之先又不断向外弥散，引领中国社会审美风尚转迁。在当时的上海，新的时尚在西方资本主义的统治下活跃而热烈——外滩建筑、百货大楼、咖啡馆、舞厅、公园和跑马场、"亭子间"……无不显示出一种西方化的现代审美趣味。从生活，到文艺作品的描写，我们可以看到当时中国社会所产生的一种主动迎合和追逐西方审美趣味的社会审美风尚。

从文艺作品对都市审美风尚的描述与推动，到日常生活审美的个性表达和追求个体解放的内在动因，我们都能够看到，一种不同于传统审美形态的更为自由、开放、个性的审美风尚不断形成并逐渐演化。对现代生活的追求在很大程度上视作对西方审美形态的追求，但却在中国的都市中不自觉地发生了某种转变，从而形成了中国都市生活中的一种忧郁、哀婉且极具小布尔乔亚色彩的审美情调。

二、"海派"审美风尚背后的商业文化逻辑

毋庸置疑，以上海为中心形成的现代中国都市审美风尚中，充满着对源自西方的新奇文化现象的狂热追逐，也因此形成一种时代背景下的特殊风貌——一种柔美与忧郁的气质。当时生活在都市中的很多知识阶层虽然接受了大量来自西方的文化审美心态，但却并没有西方殖民者的那样一种激进的开拓精神，反倒沉溺于某种个人主义的唯美情调。在上海，"海派"可以被认为是一种流行于特定区域的艺术风潮而不限于某一具体的艺术门类。文学、绘画、音乐，均有以"海派"为名的艺术流派。这些不同艺术门类中以"海派"著称的流派往往具有鲜明的商业性特征，并表现出某种类似的美学面貌。如20世纪三四十年代的上海音乐，在中西交会与古今之变的过程之中呈现出一种独特的审美风尚，甚至被一些学者直接命名为"上海之音"：

> 当时的流行歌曲在上海的十里洋场、歌厅社团、市井巷陌之间风靡传唱，堪称名符其实的“上海之音”，恰似一个正在摩登化却依然带有几分传统风韵的上海女郎，轻吟浅唱出缠绵悱恻、柔美动听的“靡靡之音”。这类歌曲以女性主题为主打，充满了女性化的表意、形象、情思。一时间整个上海滩流行传唱的皆为阴柔美丽的曲子，或幽怨迷离，或柔媚似水，或朦胧幽远，犹如一个充满美丽哀愁的阴柔化意境笼罩着的动荡不安的时代。[①]

显然，这是西方资本主义生产方式进入中国之后形成的一种小资情调，在有着“十里洋场”之称的上海租界及其周边区域，知识阶层内心的“载道”理想在现实的侵袭下也逐渐让位于某种无奈的感伤。现代社会的剧烈转型，都市生活带来的全新审美体验，无不震颤着自由知识阶层的内心。而当知识阶层的身份由官僚体系中的文人士大夫转换为自由知识阶层时，文艺创作甚至成为了一大批知识阶层的谋生手段。在这里，知识阶层所承受的社会责任感，逐渐让位于作为市民浸润其中的商业文化逻辑，个人在时代中所感受到的忧郁情绪成为了都市社会中弥漫着的审美氛围，也成为文化市场之中能够以此获利的风格特征。

在现代中国的都市地区，不仅作为文艺作品创作者的知识阶层的身份与心态发生了转换，作为文艺作品接受主体的读者也同样发生了身份与心态的双重转变。现代都市带来的新的生产方式让生活于其中的市民阶层以一种全新的工作方式谋生，工作时间与休闲时间的精确切割已然不同于农耕文化“日出而作日入而息”的传统生产方式。

工作之余的“闲暇”成为城市生活中的一个重要组成部分，满足

---

① 唐钧，陈伟：《民国上海流行歌曲的音乐审美特征》，《上海师范大学学报（哲学社会科学版）》2015年第3期。

城市居民在闲暇时光中的休闲与消遣，也成为了当时文学艺术的审美追求之一。在这一过程中，虽然知识阶层群体竭力追求在新的艺术形式和艺术改良中实现教育目的，但在商业运作下的大众娱乐业显然并不会以如此理想化的目标作为自己的追求。而沉浸于现代社会的知识阶层对周遭世界的直观体验反映于文艺作品之中，反而推动了更为广泛意义上的社会审美风尚转迁。

这些知识阶层笔下的现代化审美风尚一方面展现了当时都市生活中不断涌现的审美现象，同时客观上也起到了引导的作用。生活于都市之中的年轻人们开始追求一种更加自由开放的生活方式，以及更加具有个性审美色彩的表达方式。我们可以从当时女性的服装时尚中，极其鲜明地感受到这一点。

> 随着民初西方文明的介入与社会风气的开化，在很大程度上加速了女装西化的进程，引起了服饰质地式样的日渐多样化，衣着逐渐成为女性们表现自我、彰显个性的一种手段和途径。服装的变化不再局限于图案、色彩和质地，开始向款型、风格等领域延展，更加趋于多元。[①]

向西方最新的审美潮流看齐，成为了当时都市新女性追求自由和解放的一种表达方式，衣着审美风尚的更替更是代表着一种追求解放的诉求，也因之带有某种对传统社会的反抗色彩。而随着西方印染技术引入中国，印花成为衣纹图案的一种重要手段，工业社会带来的服装制造能力的大幅提升也让这种时尚的流行成为可能。当时的都市女子开始争相追逐服饰的时尚化，而其中青楼女子的“奇装异服”则在

① 朱琰：《从民国初期女性服饰的艺术风格演变看审美观念的转型》，《艺术百家》2016年第2期。

不经意间引领了这股新式服装潮流。[①]然而，令人惊异的是，原本作为社会底层的青楼女子所穿着的“奇装异服”，反倒成为了当时都市中年轻女学生争相效仿的对象。这种普遍存在着的审美现象也招致了很多严厉的批评，当时有人在刊物上这样写道：

> 晚近妇女之衣履饰装，其颜色之妖艳，花样之奇特与繁琐，实令人见之欲呕，好好一件褂子，袖子偏要短到肩头，袜子偏要把它绉卷在踝骨下，露着小腿。——此种装式，夏秋之交尝见之。——如今奉行一时的长衫，身腰小得体型毕现，实足以引起异性之注意，所谓诲淫是也。……按此种种无理性而有碍身体之装饰，匪特见之于庸妇，即我饱受教育之女学生，亦俱有之，且从而提倡之！[②]

然而，需要特别说明的是，这种在都市生活中兴起的新的审美风尚并不能够代表当时整个社会的审美风貌。来自西方的小布尔乔亚式的审美情调仅仅存在于当时的城市社会之中，而在中国更为广袤的农村，传统的生产生活方式和传统遗留下的审美情状依旧根深蒂固地存在着。这种都市生活的追新逐异的审美风尚在一定意义上代表着中国社会现代化过程中审美情态转型的一个起点，并不断向外延展、弥散。审美风尚的转变在都市之中极为迅速，西方新出现的审美形式在当时已经能够以极快的速度传入像上海这样的大都会之中，但这种新的审美风尚向中国的广大腹地和农村地区的扩散却是极为缓慢的。

---

① 朱琰：《从民国初期女性服饰的艺术风格演变看审美观念的转型》，《艺术百家》2016年第2期。

② 何述道：《女学生之服装与风尚》，《中华女中校刊》1911年第6期，第44—46页。

第三节　民族危机与抗争精神的艺术呈现

由知识阶层“文化启蒙”的社会改造理想，演化为都市生活中的忧郁伤感的唯美主义倾向，这在当时民族危机的时代背景下显然并不合时宜，也因此不会成为当时社会唯一的审美风尚。由于中国的现代化进程并非自发产生的，而是在西方不断入侵的背景下被动进行的，因而也就必然在发展之中充满着种种复杂的矛盾，不同的审美风尚也会共时性地并存。即使在当时的大都会之中，对民族危亡的思考和艺术呈现也同样是人们关注的对象，以社会变革为内容和题材的文艺作品同样流行于大都会的审美生活之中。

一、社会各界对于“海派”审美风尚的批评

当时的中国正处于现代化转型过程中，新兴的戏剧形式在发展的同时流于都市欲望和忧郁的唯美情调，显然远远偏离了知识阶层借助于文艺创作实现“文化启蒙”的初衷，也因此招致了很多知识阶层甚至官方的严厉批判。比如，面对这种社会上普遍流行的审美风尚，作为中国现代戏剧先驱之一的陈大悲先生在文章中对此进行了严厉的批判，并指出演剧人的责任在于以艺术的形式劝善抑恶，推动社会进步：

> 大家都知道自己底责任。不但我们自己绝对不许迎合社会中最下乘的心理，演引人入邪途的戏剧，就是眼见了他种

> 戏剧灌输土匪，强盗，浪子，荡妇知识的，我们也应当引为我们底奇耻大辱。我们应当问一问自己："我为什么要当演剧人？"我们既当了演剧人，就得尽心竭力赶快把善的来替代恶的，把美的来替代丑的。这就是我们演剧人今日的责任！①

除了部分知识阶层对社会上普遍存在的淫靡化的审美风尚进行严厉的批判之外，当时的民国政府也同样关注于社会不良风气，除了出台诸如报刊审查等政策以外，很多国民党政府领导部门也对社会上客观存在的不良审美风气提出严厉的批评。比如，在1936年的一份《四川省政府公报》中我们便看到了政府对于崇尚西洋，重视享乐的娱乐审美方式提出的批评：

> 说到消遣，任何人都需要，尤其公务人员，办公完毕之后，为使精神恢复原状，于身心有益的娱乐，万不可少。现在一般人喜欢洋化，尤其娱乐的方式，总认为那西洋的才好，否则谓为寒伧。其实西洋的玩意，不过是华贵而已，真正的好处在那里，我还未感觉。中国固有的娱乐品很多，于身心有益的也有很不少，为什么不去善为利用，而以学洋化趋时髦为得计。民族国家弄到这步田地，国民的心理非从这些小处改善不可。②

由社会整体的现代化转型而带来的工作时间与休闲时间的分离，让城市居民一方面受到工作的挤压而渴望自由的时间与空间；另一方面，由于传统社会中并不存在工作时间与休闲时间的截然二分，对于如何利用休闲时光并没有充足的历史传统可资借鉴。因此，对休闲时

① 陈大悲：《演剧人的责任是什么？》，《戏剧》1921年第1卷第1期，第13页。

②《省府联席办公时刘主席指示两项要政：改革不良风尚，提倡正常娱乐》，《四川省政府公报》1936年第54期。

间的把握成为了一个新的时代课题，也导致了市民阶层面对西方新奇文化的迷茫与沉溺。知识阶层对大众享乐文化的批判和政府对社会不良审美风尚的政治性引导，虽然很难阻挡这种资本主义逻辑下的商业审美形态，但也在当时的时代中展开了反思和新的审美实践。当然，对新兴审美形态的批判也并非都是先进而恰当的。在当时，对现代审美风尚的批判有很大一部分是基于守旧思想而无法容忍社会形态的新的变迁，甚至对于女性解放心怀不满。因此，一方面我们应当辩证分析当时社会上所普遍出现的重视感官欲望满足的享乐性审美风尚，另一方面我们也应当以同样辩证的态度审视当时对社会审美风尚进行批评的文章。

二、反映民族危机与抗争精神的审美风尚

实际上，资本主义时代的都市生活和商业逻辑所带来的带有忧郁和唯美气质的享乐主义审美风尚，并不能够代表这一时期中国社会审美风尚的全部声音。尤其是在社会危机和民族危机进一步加强的时候，一种基于民族气节和抗争精神的雄强的审美风尚，也开始流行于中国社会之中。

20世纪前半叶，中国有很多艺术家辗转到西方国家学习艺术，而在对西方文化有了深入了解之后，却更加激发了他们内心的民族认同感。在西方入侵的时代语境下，他们便以一种高扬中国自强不息的民族精神的方式，在文学艺术中加以呈现并进行创造性转换。比如徐悲鸿，虽然接受了大量的西方技法的训练，并自觉地运用西方绘画技巧来进行艺术创作，但在他的艺术作品中，不论中国画还是油画，我们都能够感受到一种很强的民族特质和一种昂扬不屈的精神气质。1944年，徐悲鸿为他人画作所做的一篇序文中更是直接地表达了一种在抗战中的民族气节，他这样写道："蒋风徵先生因集今日救国切要之举，与宗其香先生商绘成图，藉当暮鼓晨钟，用以发聋振聩，大声疾呼，

直及边陲。俾全民困心衡虑，杜绝侥幸偷安之思，以渡过最艰苦之一关而迎接光明与幸福。[①]”一种在民族危机的时代背景下的大声疾呼，一种昂扬向上、奋发图强的雄强气质从文艺创作到理论建构都清晰地呈现出来。同时，这一时代大多数艺术家也不再将艺术视作为贵族服务的消遣游戏，而是视之为能够表现民族精神并唤起国民抗争精神的斗争手段。刘海粟在归国之后写下了这样的文字：

> 我的结论是艺术的目的决不是照抄实在的外形，也决不是供给帝王、权贵、豪富们消遣的玩意儿。艺术的目的，要使大众得到美的陶冶……在国外的时候，西洋人问我，中国松、竹、梅、兰为什么画得这样多？我说并不多，松、竹、梅、兰代表中国坚强不屈的人格，无论春、夏、秋、冬，冷到如何程度，还是这样绿，狂风暴雨之后，仍旧巍然独立，欣欣向荣；而且还代表中国的国民性，不会随便被人屈服。中国是打不倒的。[②]

这样一种自强不息、昂扬向上的审美风尚，也并不仅仅是少数知识阶层的一厢情愿，在当时社会的整体氛围之中也充满着这种激昂的民族精神。作为当时最新的艺术形式之一，很多电影也都直接地表现了中国人民的抗争精神，以积极的姿态鼓舞大众参与抗战。1938年1月，中华全国电影界抗敌协会在武汉成立；1938年4月，陕甘宁边区抗敌电影社成立，在国共两党的共同努力下，这些为抗战宣传工作服务的电影机构都推出了一系列经典作品，如《保卫我们的土地》《热血忠

① 见徐悲鸿手稿。该手稿见济南市美术馆2019年11月23日至12月10日，以《徐悲鸿与他的时代》为题举办的展览。

② 刘海粟：《艺术的革命观——给青年画家》，原载于《国画月刊》第2号（1936年5月10日），转引自周宪、李建、周计武主编《艺术理论基本文献——中国近现代卷》，北京：生活·读书·新知三联书店2014年12月第1版，第118页。

魂》《八百壮士》《中华儿女》《风雪太行山》《延安与八路军》等等。这是一种截然不同于都市享乐文化的审美风尚，而在与电影紧密结合的电影音乐中，这种昂扬向上，奋勇抗争的审美形态也鲜明地表现了出来。比如1937年影片《夜半歌声》的插曲，由冼星海作曲、田汉作词、金山演唱的《热血》，就是以鲜明的立场和昂扬的曲调表达了对抗战的积极主动的心态，歌词中这样写道：

谁愿意做奴隶！谁愿意做马牛！人道的烽火，传遍了整个的欧洲。我们为着：博爱、平等、自由，愿付任何的代价，甚至我们的头颅！我们的热血，第聂伯尔河似的奔流！任敌人的毒焰，胜过科利色姆当年的猛兽。但胜利终是我们的，我们没有怨尤。瞧吧，黑暗快要到了。光明已经射到古罗马的城头，古罗马的城头。

这些电影和音乐作品，因为迎合了广大群众渴望抗战胜利的心理，在社会上引起极为广泛的关注。

三、毛泽东《在延安文艺座谈会上的讲话》及其对审美风尚的影响

1942年毛泽东在延安文艺座谈会上的讲话，将这种为抗战服务的文艺思想清晰地表达出来，并成为当时共产党领导地区文艺工作的指导性方针。在他看来，在抗日战争的特殊历史环境之中，文学艺术的首要任务便是为政治服务，为抗战服务，为实现中华民族的解放运动服务：

无产阶级的文学艺术是无产阶级整个革命事业的一部分，如同列宁所说，是整个革命机器中的“齿轮和螺丝钉”。因此，党的文艺工作，在党的整个革命工作中的位置，是确

定了的，摆好了的；是服从党在一定革命时期内所规定的革命任务的。[①]

在服从战争时期革命任务的总要求之下，毛泽东又进一步提出了文艺批评的两个标准：“政治标准”与“艺术标准”。在毛泽东看来，“政治标准”就是“一切利于抗日和团结的，鼓励群众同心同德的，反对倒退、促成进步的东西，便都是好的；而一切不利于抗日和团结的，鼓动群众离心离德的，反对进步、拉着人们倒退的东西，便都是坏的。[②]而“艺术标准”则是“一切艺术性较高的，是好的，或较好的；艺术性较低的，则是坏的，或较坏的。[③]”作为政治家和革命领导者，毛泽东的鲜明政治立场为当时共产党领导地区的文艺创作和文艺批评指明了方向，进而成为解放区的主导审美风尚。“从群众中来，到群众中去”成为解放区文艺创作和文艺批评的重要方式。在延安革命根据地，共产党先后成立了中国文艺协会、中华全国文艺界抗敌协会延安分会、延安鲁迅艺术学院等文化机构，同时又组织了大批文艺工作者下乡采风，直接地从社会底层的农民那里感受生活，学习民间乡土艺术。

从知识阶层对都市享乐主义文化的批判，到延安文艺座谈会为革命工作服务的文艺政策，无不指向了一种不同形态的审美风尚。在抗战时期，这种文艺目标也并没有成为单纯的政治手段，而是以人民

① 毛泽东：《在延安文艺座谈会上的讲话》，转引自周宪、李建、周计武主编《艺术理论基本文献——中国近现代卷》，生活·读书·新知三联书店2014年12月第1版，第178页。

② 毛泽东：《在延安文艺座谈会上的讲话》，转引自周宪、李建、周计武主编《艺术理论基本文献——中国近现代卷》，生活·读书·新知三联书店2014年12月第1版，第179页。

③ 毛泽东：《在延安文艺座谈会上的讲话》，转引自周宪、李建、周计武主编《艺术理论基本文献——中国近现代卷》，生活·读书·新知三联书店2014年12月第1版，第180页。

群众广为接受的“大众化”方式存在着。在延安革命根据地，文学、美术、音乐都表现出一种勇于抗争，昂扬澎湃的艺术激情。在美术领域，以表现抗战斗争和广大农民困苦生活与顽强抗争精神为内容的版画，广泛流行于共产党领导的地区。这些版画的创作一方面受到了政策的鼓励，另一方面也因印刷的便捷而具有了可大量复制的可能性，因而得以广泛流传。很多并不识字的穷苦大众得以通过版画的艺术性描绘而直接受到鼓舞和激励，并从中获得审美感受。

这一时期，随着民族危机的不断加深，知识阶层自觉地对社会享乐性审美风尚的批判和反驳，并不仅仅是知识阶层和艺术家群体家国情怀的一厢情愿，也反映了社会整体审美风尚的转变；来自领导阶层的声音并不仅仅是出于政治斗争的需要，也在客观上极大地起到了鼓舞士气和推动抗战的实际效果。很多革命文学、革命歌曲在当时也已经是极为风靡的流行艺术形态。

事实上，从全国范围来看，这一时期的审美风尚是多元并存的，其所以形成的根源也是极为复杂的。

第四节　中国社会现代化转型与多元化审美风尚的形成

中国社会从传统社会向现代社会的过渡，显然经历了一个极为漫长而艰辛的过程。从洋务运动到戊戌变法，清政府主导的各种自救运动均告失败之后，中国的政治制度改良与社会文化发展，在20世纪最初的几年似乎都陷入了停顿。然而，短短十数年之后，从辛亥革命到五四运动，中国社会从政治制度到思想文化的变革，却以一种极为突然然而又异常剧烈的方式发生了根本的转向，并从此走上日新月异变革发展的快车道。20世纪前半叶，审美风尚作为社会文化的表征，在一种快速变迁的社会语境下，也显示出极强的不稳定性与矛盾丛生的特征。这些特征鲜明地表现在传统保守的审美观念与现代自由开放的审美观念之间的对抗；忧郁唯美的享乐主义审美情态与悲壮激昂的抗争性审美情态的共存；都市商业社会的审美风尚与广大乡村地区的民间审美之间的鸿沟；以及知识阶层精英意识与普罗大众日常生活之间的反差。20世纪上半叶的中国，不同社会公众之间审美风尚在客观上存在着巨大的差异，导致处于不同的社会阶层、生活空间、职业地位的社会公众那里，审美风尚和审美观念都会存在着明显的差异。中国社会现代化转型过程中审美风尚的变迁，也正处于这错综复杂的多元共存与矛盾丛生之中。

虽然从理论上讲，所有研究都难以还原历史的真实面目；但当我们尝试通过各种文字、图片及影像材料，回溯20世纪上半叶中国社会审美风尚的转迁历程时，中国社会从传统走向现代的那些迷惘与困惑，彷徨与纠结，依然对我们今天反思中国社会的现代化转型问题具有重要的启示意义。

一、社会阶层的重构和审美关系的重组

20世纪上半叶中国审美风尚的形成与转迁，也在一定程度上表现出中国社会不同阶层、不同群体之间审美形态的壁垒打破与观念重组。一方面，20世纪中国社会的审美风尚，已经不再由曾经处于社会中心位置的官僚士大夫阶层引领；现代社会造就的市民阶层与战争年代形成的革命群众，成为了接受新的审美风尚最快的社会群体。另一方面，女性的解放也在很大程度上释放了社会的审美活力。20世纪上半叶，女性的服饰发生了极大的转变，由传统社会极为保守的穿衣方

式，转变为得以展现身体之美的服装剪裁，也创造了民国时期特有的旗袍样式。不仅如此，女性得以从家庭中解放出来，得以进入学校学习，进入戏院看戏，并能够直接参与各种文艺创作活动，这给整个社会审美带来了更多的活力。从事娱乐行业的女性地位也获得了大幅度的提高，对电影明星的追逐成为了一种新的社会现象。于是，我们看到，20世纪上半叶审美风尚的转迁，不仅仅是文艺界或某些社会群体的审美问题，而更是整个社会由传统走向现代的外在表征。由传统社会知识和审美活动由阶层区隔而导致的审美趣味的极大差异，在这一时期已经因社会阶层的重构在很大程度上被改变。

由于社会阶层的重构和审美关系的重组，原本处于底层的社会群体的审美趣味，却在新的时代赢得了时尚潮流的青睐，也在很大程度上获得了话语权。具体说来，对大众审美风尚的重视与传播主要呈现在两个方面：其一，原本属于社会底层的市民群体成为引领社会审美风尚的主导者；其二，战争年代共产党所依靠的广大工农群众的审美眼光，成为革命群体的集体审美追求。二者都对社会审美风尚的变化产生了一定的影响。首先，20世纪上半叶，由资本主义生产方式带来的快速商业化与生产力的大大提高，显然让市民阶层在经济实力和群体规模上都快速提高，成为其获得审美话语权的重要基础；其次，原本处于社会底层的广大工农群众的审美眼光，因为战争年代社会力量对比的变化，从而获得了某种程度上的审美话语权。此外，中外学术的交流，也使得中国的民族民间艺术在20世纪上半叶开始进入中国学者的视野，被纳入艺术研究的范畴。庞薰琹1939年到贵州苗寨采集民俗文物四百多件并绘著《中国图案集》四册；中国营造学社1940年对西南地区民居、会馆、牌坊、桥梁、壁画等进行测绘和记载；李霖灿在1941年至1943年期间前往云南丽江调查纳西族的语言文字、风俗习惯，搜集到经卷、服饰及用品一千多件；王子云1940年考察了名胜古迹、传统壁画、古代雕塑、宗教寺院，也包括民族地区的民间艺术；

陈叔亮在延安期间对民间剪纸艺术进行了考察，在收集整理的基础上编著了《窗花》。[①]从民间文艺的有意识挖掘、整理，到延安文艺政策要求艺术工作者主动自觉地向广大劳动人民学习，并创作出人民大众喜闻乐见的艺术作品。对中国社会占据大多数的农民群体而言，其审美意识与审美趣味由于政策导向而引起知识阶层和艺术创作者的普遍关注，显然是前所未有的。但也正是因为这种关注，使得艺术创作者们创作出了一批既具有先进思想性，同时又能够为广大群众喜闻乐见的文艺作品。这些作品不仅仅流传于劳动人民之间，更是成为了一种较之都市享乐性的审美风尚更加具有广泛性的时代审美潮流。由此，审美不再只是社会上层的精英群体与艺术创作者之间的共谋；普罗大众作为更为广大的社会群体，也逐渐成为审美活动的主体与审美研究考察的对象。

由此，从20世纪中国社会审美风尚的转变之中，我们也很容易看到中国现代社会审美趣味的多元化，以及不同审美形态之间的矛盾。传统社会对于艺术审美现象的“雅”“俗”之别，在这个时代已经基本失效，而多元审美风尚并存成为中国社会审美形态走向现代化的一个重要标志。

二、现代化进程与审美风尚演变趋向

所谓审美风尚，本质上应当是从属于整个社会文化的；因而，我们对20世纪上半叶审美风尚转迁过程的审视，就需要将其置于中国社会现代化转型的整体语境之中加以考察。正如我们一再强调的，中国社会的现代化进程是被动发生的，对传统文化的继承与突破，对西方文化的欢迎与拒斥，始终都是同生并存的。因而，在中国现代文化的

---

① 参见赵志红：《文化现场与体系重构——20世纪初中国美术史研究的现代转向》，《美术观察》2019年第10期。

整体语境中，传统与现代，东方与西方其实始终是相互抵触，又相互依存的。在这一过程中，很多审美现象以非常复杂而紧张的状态呈现出来，审美风尚也表现出更为快速的转变过程。

20世纪上半叶，很多文化界人士已经看到中国的现代化发展路径并不应当只是简单地复制和抄袭西方，而更应当站在中国和西方二者的优良传统之上，走出一条不同于传统社会，也不同于西方社会的现代化道路。梁启超在游历欧洲之后看到了欧洲社会和思想文化之中所存在的弊病，进而提出中国知识阶层应当担负起时代责任，为全世界的发展贡献力量。诚如杜维明先生所言：

> 尽管如此，我们是处在一个关键时刻，必须超越三种流行的但却又过时的非此即彼的二分法：传统与现代之分，西方与非西方之分，以及地方和全球之分。我们超越这些二分法的深远意义在于要成熟地理解全球化和地方化二者之间有活力的相互作用。①

中国社会的“现代化”，至今仍是一个尚未完成的过程；肇始于20世纪初的现代审美风尚，也始终处于不断变迁的过程之中。对20世纪上半叶中国社会审美风尚进行考察，其意义并不在于还原历史的真实，而在于为我们今天的审美现代化甚至社会的现代化提供一种思考问题的合理路径。生活在21世纪的今天，回望20世纪上半叶社会转型与审美风尚之变，反思其带给现代以来中国社会的深远影响，以及它对当代中国社会发展具有的无可取代的启示意义，依然是值得我们深入思考的问题。

---

①〔美〕杜维明：《多重现代性：东亚现代性含义初步探讨》，转引自（美）塞缪尔·亨廷顿、劳伦斯·哈里森主编《文化的重要作用——价值观如何影响人类进步》，程克雄译，新华出版社2010年1月第3版，第315—316页。

结　语

未完成的现代化与当代文艺美学理论体系的多元结构

正如我们在本书"绪论"和第一章中所分析的，所谓"现代化"，意味着社会形态和文化类型由"传统"向"现代"的转型，亦即"前后两个时期社会或者文化的性质发生了根本变化"。中国传统文化的现代转型，看起来是一个显而易见的过程；然而，准确描述这一过程实际上却是一个无法完成的任务。其原因在于，在这一转型过程中，"传统"的内涵相对清晰，但何谓"现代"，却是一个难以言说的命题。

一、作为"文艺美学"学科发展背景的"现代化"进程

在20世纪前半叶的大多数时间里，很多人认为所谓现代化就是"西方化"，我们按照西方人的政治观念改造辛亥革命之后的政权，我们也按照西方人的生产方式改造我们的社会生产，但这些变革并未带来现代中国的富裕和强大，面对日本帝国主义的野蛮侵略，民国政府一退再退，政治经济发展都让位于救亡图存，所谓"现代化"似乎离我们越来越远。1949年新中国成立之后，我们一方面将"现代化"理解为社会主义和共产主义社会的次第实现，另一方面也认识到我们和

发达资本主义国家之间的现实差距，于是大力发展工业，力图尽快实现“赶英超美”的近期目标。历史地看，这一发展思路一方面符合马克思主义的基本观点，另一方面也有其现实意义与合理性，社会主义制度的确立与工业化建设基础的形成，成为改革开放之后我国经济快速腾飞的坚强基石。有的学者认为，“现代化是由传统农业社会向现代工业社会转变的过程”[①]，如果仅仅将“现代化”理解为“工业化”，我们也可以认为我国的“现代化”已经基本实现。然而，放眼世界，发达资本主义国家大都已经进入所谓“后工业时代”，我们国家的某些发达地区，也已经跨越工业化阶段，赶上甚至超过大多数西方国家的发展步伐，与其一起进入“后工业化时代”，也一起向着更新的社会形态进发。

于是，我们终于认识到，在21世纪的今天，“现代化”依然是一个尚未完成的任务。面向未来，我们终将在实现“中华民族伟大复兴”这一伟大梦想的指引下，穿越“后工业社会”的重重迷雾，建成“富强民主文明和谐美丽的社会主义现代化强国”，而这也就意味着一种新的社会形态的到来。

在这样一种面向未来的“现代化”建设过程中，文学艺术，以及“文艺美学”这一以文学艺术为研究对象的新兴学科，将会担负何种历史使命呢？

二、文学艺术与“文艺美学”的当代使命

未来的“现代化”建设，需要具备跨越“后工业社会”的眼光，为一个新的社会形态的到来做好准备；在这一面向未来社会的未雨绸缪式的布局过程中，文学艺术，以及以文学艺术为研究对象的“文艺

① 王强、李敏：《从“四个现代化”到“四个全面”——中国特色社会主义现代化道路的探索及其经验》，《山西师大学报（社会科学版）》2017年第5期。

美学”学科，具有了不同于以往的新的历史使命。

根据美国心理学家亚伯拉罕·马斯洛的“需求层次理论”，“后工业社会”社会生产的任务已经不只是满足人们日益增长的对于物质财富的追求；随着物质财富需求的日渐满足，人们对于富于精神内涵的文化产品的需求越来越多。于是，经由“后工业社会”抵达新的社会形态的历史进程中，作为精神内涵载体的“文化”产品具有了前所未有的重要意义。

无论中西，学者们对于“文化”的理解可谓千差万别。根据美国文化学家克鲁伯和克拉克洪《文化：概念和定义的批判性回顾》一书的说法，他们搜集到的关于“文化”的定义多达160余种，这些定义分别来自人类学家、社会学家、文化学家、精神病学家以及其他学者，该书从理论和实践两个层面揭示了文化内涵与外延的宽泛性。然而，并非所有文化现象都有助于满足人们的精神需求，因而对于推动社会文化“现代化”进程而言，我们既不需要也不可能穷尽所有文化现象。从世界范围内的“后工业”生产现状看来，与社会生产关系最为密切的文化因素，就是感染力最强的文学艺术。文学艺术从未像今天这样，堂而皇之地成为了社会生产最为核心的内容之一。

于是，一向被视为不食人间烟火的文学艺术现象，终于在经由“后工业社会”抵达新的社会形态的历史进程中，重新回到人们的日常生活中，进入社会生产的关键环节，具有了推动社会发展的巨大力量。社会角色的扩充，也使得人们看待文学艺术的眼光有了新的变化，在今天，文学艺术不仅可以是高雅的，也可以是世俗的；文学艺术不只可以是“不切实用”的，也可以融入文化产品，成为最实用的产品；文学艺术不仅可以抚慰受伤的心灵，也可以使人们的日常生活充满诗意。20世纪的最后十年，“日常生活的审美化”与“实践美学”相互作用，不断刷新人们关于文艺、关于审美的理解；文化产业也在人们的质疑声中，逐步发展为面向未来社会经济发展支柱型产业。

随着文化产业、创意经济等新的经济形态在世界范围内的蓬勃发展，文学艺术融入社会生产，成为推动社会发展最重要的文化元素，已经成为一个不争的事实。在这一过程中，文学艺术现象得以转化为生产要素的最重要特性，就是其审美属性。于是，以关注文学实践之审美特性作为最重要学科特征的“文艺美学”，也具备了立足文艺现象，关注社会发展的新的历史使命。

三、当代文艺美学理论体系的多元结构

作为最富于创造力的人类精神现象，文学艺术的存在形态总是不断在创新、在变化。然而，纵观人类数千年文明发展的历史，我们还不曾发现文学艺术在今天所拥有的这般活力。在文化产业、创意经济迅速发展的今天，文学艺术不仅可以是“自律”的，也可以是“他律”的；不仅可以存在于人们的精神世界，也已经在实际上渗入人们的物质生活。“后工业时代”“消费时代”“后物欲时代”，不管人们如何称呼这个逐渐模糊了现实与虚幻、物质与精神、创造与消费的新的时代，文学艺术都不再是少数人的精神游戏，“旧时王谢堂前燕，飞入寻常百姓家”，文学艺术已经在不知不觉中融入了人们日常生活的方方面面。

文学艺术社会角色的这些变革，也对文艺美学的当代发展提出了新的要求。面向未来的“文艺美学”学科建设，不只应该坚持重视文艺实践、关注文艺审美属性的一贯主张，更应该立足文学艺术新的社会角色，全方位推进关于文学艺术的审美研究。

与“文化”含义变迁的历史相似，“审美”也是另一个含义非常宽泛、边界却不甚清晰的现代汉语词汇。如同文学艺术现象一样，“审美”也从曾经不食人间烟火的高冷境界，逐渐融入现代人们的日常生活，呈现出“日常生活审美化”的现代景观。

对于“文艺美学”学科的现代发展而言，其研究对象（文学艺

术）范围不断扩展，其核心范畴（审美）的含义也正在得到大幅拓展，因而其理论体系也不能再因循守旧、故步自封。社会经济文化日新月异的迅猛发展，客观上要求文艺美学也必须与时俱进，为文学艺术更好地融入现实生产生活提供理论依据。

从“文艺美学”理论体系构建的角度看，当代“文艺美学”研究已经不再局限于传统文艺学（本质论、作品论、创作论、接受论）与传统美学（本质、类别、范畴、美感）的体系建构方式，而在事实上采取了更具包容性和可操作性的“核心——分支——边界”的体系建构方式。这是一种“辐辏式”的体系形态，核心指的是研究对象的核心特征，边界指的是研究对象与其他事物之间的边界，分支则是基于不同视角和方法而形成的研究领域。《老子》有云：“三十辐共一毂，当其无，有车之用”[①]，正是这种“辐辏式”体系结构最形象的说明。

关于文艺美学的理论体系，自20世纪80年代初以来，四十年来一直没有成为学术界关注的重点，偶有提及，基本上也都是沿用文艺学、艺术学、美学的理论体系，或者是其混合体。作为文艺美学领域影响最大的一本教材，曾繁仁先生主编的《文艺美学教程》采取的就是一种较为全面的艺术学与美学理论体系的“混合体”。全书除“导言”“后记”外，一共十章。前四章分别论及“艺术的审美经验”“艺术的审美范畴”“艺术创作的审美特性”“艺术文本的审美特性”，核心就是艺术领域的审美“经验”“范畴”“特性”，显示出“文艺美学”以美学视角关注艺术现象的学科特征。第五至九章分别论及“艺术的接受”“艺术的分类”“艺术的发展形态”“艺术的传播”，以及“中西艺术比较”，基本上是艺术理论的核心内容。最后一章谈“艺术与人的审美化生存”，则把美学和艺术学绾合在了一起，并将其提升到人的生存意

①（魏）王弼注、楼宇烈校释：《老子道德经注校释》，中华书局2008年版，第26页。

义这一终极性维度。[①]作为教材，这样的结构安排既较为妥帖地说明了文艺美学交叉、融合的学科属性，也相对合理地展示了“文艺美学”重视艺术实践与审美属性的学科特征，而并未尝试探求文艺美学独具特色的理论体系。总体看来，国内学术界四十年来关于文艺美学的研究，主要集中在学科定位、研究对象，以及文艺美学的主要观念、范式之类命题，其理论体系则似乎是不证自明的存在。事实当然并非如此，“文艺美学”独特的学科属性与历史使命，必然促使其形成不同于以往类似学科的理论体系；无论学术界是否意识到构建其理论体系的重要意义，“文艺美学”自身的理论发展都会越来越清晰地呈现出本书所谓“辐辏式”理论体系结构。梳理一下四十年来文艺美学的研究历史与发展趋势，就会发现各种看似散漫的研究成果之间，其实存在一种有机的、必然的联系，不期然就形成了由中心沿着不同角度向边缘拓展的“辐辏式”理论体系结构。

这种“辐辏式”理论体系主要由三部分构成：核心、分支、边界。核心指的是研究对象的核心特征，边界指的是研究对象与其他事物之间的边界，分支则是基于不同视角和方法而形成的研究领域。下面我们将结合文艺美学学科形成以来的研究历程，作一简要分析。

关于文艺美学研究的核心观念，学术界有一些不同的看法。王一川先生认为，改革开放以来，文艺美学研究“先后经历美学论、文化论和语言艺术论三次转向”，[②]这是立足于“文艺美学作为一个运用美学原理对文学的内容和形式进行系统研究的学问”的观点说的。实际上，如果我们站在文艺美学应该涵盖对所有艺术门类的美学研究这一学术立场上，则可以认为王一川先生所描述的三次转向，实际上是体现为一种螺旋式上升的“回归”行为：始于文学界对文学艺术之审美

① 曾繁仁主编：《文艺美学教程》，高等教育出版社2005年版。

② 王一川：《回到语言艺术原点——文艺美学的三次转向与当前文学的间性特征》，《文学评论》2019年第2期。

属性的强调，经过20世纪末开始的“泛文化论”的发展阶段，于近些年回归到强调以文学为代表的艺术之审美属性的新阶段。总体看来，这一研究历程凸显了文艺美学最为核心的理念：文艺美学关注文艺实践，强调审美属性。陶水平先生在回顾文艺美学研究历程的基础上，总结出文艺美学学科研究的几种具有“学术原创性”的理论范式：“胡经之的‘体验论’文艺美学；童庆炳的‘阐释论’文艺美学；周来祥的‘和谐论’文艺美学；杜书瀛的‘价值论’文艺美学以及朱立元的‘意象论’文艺美学等”；并指出，“这些理论范式均以审美活动论为基点，对文艺美学学科定位、学科性质、研究对象、理论范畴等作出了具有自身特色的理论建构”[①]。同样强调了改革开放以来文艺美学领域的最有影响的几位学者们，对于文学艺术之审美属性的强调；同时也看出诸位大家在文艺美学之理论体系方面，对于传统文艺学、美学学科理论体系的下意识认同。

关于文艺美学研究的边界，也有各种不同意见，范围大的如胡经之先生为代表的“泛文化论”，试图将文艺美学扩充为“文化美学”[②]；范围小的如王一川先生为代表的“语言艺术论”，主张将文艺美学理解为“文学美学”[③]；还有一种相对更为灵活的意见，将“文艺美学”理解为诸部门艺术美学的“元理论”学科，可以称之为“元理论说”，这种意见可以马龙潜先生的意见为代表，主张文艺美学“以各部门艺术美学为基础，系统研究文学艺术现象的审美特征和活动规律”。[④]相对看来，“元理论说”对于文艺美学研究边界的界定较为灵活，也更能体现文艺美学研究“边界”与“核心”之间的关系：文艺美学研究的主要对

① 陶水平、朱媛：《当代中国文艺美学研究的理论范式与学科演进》，《中州学刊》2008年第5期。

② 胡经之：《文艺美学与文化美学》，复旦大学出版社2016年版。

③ 王一川：《今日文艺美学的限度与开放》，《当代文坛》2006年第6期。

④ 马龙潜：《文艺美学与文艺研究诸相邻学科之间的互动关系》，《山东社会科学》2008年12期。

象是“文艺实践”，因此不宜扩充至整个文化现象；审美属性是文学艺术的根本属性之一，因而应当体现于所有文艺现象。

关于文艺美学研究的分支，可以从史实和观点两个角度分析。从史实看，改革开放以来，围绕文艺美学的研究已经呈现出诸多不同形态；从观点看，关于这些研究形态的定位说法不一，但毋庸置疑的是，这些研究的确都是围绕文艺美学展开的。曾经有学者将当代中国文艺美学的研究分为三种不同形态：“一是基础性的文艺美学研究，倡导者有胡经之、杜书瀛等。二是延异性的文艺美学研究，倡导者有周来祥、曾繁仁等。三是拓展性的文艺美学研究，倡导者有王岳川、陆贵山等”[①]。虽然这种区分对于不同形态“倡导者”的说法还值得商榷——比如将胡经之先生归入“基础性”研究的倡导者，其实是有些偏颇的，但这种区分文艺美学不同研究形态的眼光还是值得肯定的。从基础性到延异性再到拓展性，恰好展示出文艺美学研究从核心向边界扩展的不同形态。基础性研究体现出对于文艺美学“核心”观念的强调，“基础性文艺美学研究是一种对文艺审美的多层次研究，是一种落实于文艺本身规律的基础性研究”；延异性研究“注重吸收社会学、心理学等学科的方法和内容来丰富文艺美学的研究内涵，由此向文艺学的其他分支学科延伸和关联，来展现文艺的多层价值”，由此形成的，已经不再是文艺学的分支，对于审美内涵的强调，使这些研究在事实上成为了文艺美学的“分支”；拓展性研究“更注重对当今社会现实的关注和文艺美学功用性价值的拓展，从更大的视域和方面来谈论文艺美学的发展前景和学科价值”，这一看似打破了文艺美学研究“边界”的做法，实际上恰好以社会功能区分、而非学科属性界定的方式，为文艺美学的当代研究划定了新的疆域，正如王岳川先生

① 王昌树：《当代中国文艺美学研究的三种形态》，《西华大学学报（哲学社会科学版）》2006年第5期。

所说，“文艺美学将从关注小文本的阐释，即词语、修辞、人物、寓意等小文本阐释走向关注大文本的文化阐释，即阶级、性别、文化、民族、话语压迫、权力运作等，这是因为文学的接受对象变了，文学的研究对象变了，文学的传播机制变了，因此文学价值的功能也就转变了”[①]。文艺美学的当代研究之所以能够关注社会这一“大文本”，其原因就在于社会生产方式的改变，催生了人们新的社会方式和消费需求，对物质财富的追求演变为对精神世界的关注，文艺美学适时以文艺的形式、审美的视角，进入当代现实生活的方方面面。这一边界的形成，并非立足于传统的学科划分，或者国家或者民族界限，而是着眼于文学艺术审美功能的实现。

正如中国社会文化的“现代化”进程并非始于五四新文化运动，其历史可以上推至清代末年，而在19世纪末20世纪之初得到蓬勃发展；“现代化”进程也并没有止步于工业化实现，今天我们依然处于“现代化”的历史进程中。文艺美学的诞生，虽然发生于20世纪80年代，但其历史动因早在“现代化”之初就已萌生；文艺美学学科的形成，虽然奠基于传统的文艺学与美学理论，却在面向新的社会形态的发展过程中，不断突破原有边界，与其所关注的文学艺术现象一起，越来越深入地融入未来社会的生产与生活之中。

---

① 王岳川：《当代中国文艺美学的学术拓展》，《深圳大学学报（人文社会科学版）》2002年第1期。

参考文献

1.〔德〕黑格尔. 小逻辑. 贺麟译. 北京：商务印书馆，1980.

2. 胡经之. 文艺美学及文化美学. 上海：复旦大学出版社，2016.

3. 曾繁仁主编. 文艺美学教程，高等教育出版社，2005.

4. 谭好哲、程相占主编. 现代视野中的文艺美学基本问题研究，济南：齐鲁书社，2003.

5.（汉）刘向撰，向宗鲁校证. 说苑校证. 北京：中华书局，1987.

6. 周振甫. 周易译注. 北京：中华书局，1991.

7.（清）阮元.《阮刻周易兼义（二）》，杭州：浙江大学出版社，2014.

8.《牛津现代高级英汉双解词典（0xford Advanced Learner's Dictionary of Current English with Chinese translation）》. 上海：商务印书馆、牛津大学出版社，1988.

9. 彭吉象. 艺术学概论. 北京：北京大学出版社，2015.

10. 张岱年、方克立主编. 中国文化概论（修订版）》. 北京：北京师范大学出版社，2004.

11.（魏）王弼注、楼宇烈校释. 老子道德经注校释. 北京：中华书局，2008.

12. 教育部普通高校人文社会科学研究基地山东大学文艺美学研究

中心编. 文艺美学研究（第一辑）. 济南：山东大学出版社，2002.

13. 王德胜. 文艺美学何以可能. 南京：南京大学出版社，2018.

14. 梁启超. 李鸿章传. 天津：百花文艺出版社，2000.

15. 王国维. 王国维文集. 姚淦铭、王燕编. 北京：中国文史出版社，1997.

16. 詹伟雄. 美学的经济. 北京：中信出版社，2012.

17.〔德〕马克思、恩格斯. 马克思恩格斯全集（第30卷）. 北京：人民出版社，1995.

18.〔美〕丹尼尔·贝尔. 后工业社会的来临，高铦、王宏周、魏章玲译. 南昌：江西人民出版社，2018.

19. 诸子集成. 北京：团结出版社，1996.

20.〔美〕马斯洛. 洞察未来，许金声译. 北京：改革出版社，1998.

21. 朱光潜. 西方美学史. 北京：人民文学出版社，1963.

22. 曾繁仁、谭好哲主编. 学科定位与理论建构——文艺美学论文选. 济南：齐鲁书社，2004.

23. 李长之. 李长之文集（第3卷）. 河北：河北教育出版社，2006.

24.〔法〕埃米尔·迪尔凯姆. 社会学方法的规则，胡伟译. 北京：华夏出版社，1999.

25.〔美〕韦勒克、沃伦. 文学理论，刘象愚等译. 北京：生活·读者·新知三联书店，1984年版.

26. 陆侃如、牟世金. 文心雕龙译注. 济南：齐鲁书社，1981.

27. 辞海. 上海：上海辞书出版社，2001.

28. 中国社会科学院语言研究所词典编辑室. 现代汉语词典（修订本）. 北京：商务印书馆，1996.

29.〔英〕弗朗西斯·马尔赫恩编. 当代马克思主义文学批评. 北京：北京大学出版社，2002.

30.〔德〕马克思·恩格斯. 马克思恩格斯选集（第2卷）. 北京：人

民出版社，1972.

31.（清）刘熙载著、袁津琥笺释.《艺概笺释》. 北京：中华书局，2019.

32. 程亚林. 近代诗学. 长沙：湖南人民出版社，2000年版.

33. 王国维. 王国维文集（四卷本）. 姚淦铭、王燕编. 北京：中国文史出版社，1997.

34. 梁启超. 清代学术概论. 上海：上海古籍出版社，1998.

35.（清）龚自珍撰、刘逸生注. 龚自珍已亥杂诗. 北京：中华书局，2019.

36. 程华平编选. 饮冰室主人自说. 南京：江苏人民出版社，1999.

37. 王运熙主编. 中国文论选. 南京：江苏文艺出版社，1996.

38. 杜书瀛、钱竞主编. 中国20世纪文艺学学术史. 上海：上海文艺出版社，2001.

39. 许道明. 中国现代文学批评史新编. 上海：复旦大学出版社，2002.

40. 胡适. 胡适文存（贰）. 北京：华文出版社，2013.

41. 梁启超. 饮冰室诗话. 北京：人民文学出版社，1959.

42. 温儒敏. 中国现代文学批评史. 北京：北京大学出版社，1993.

43. 张少康. 中国文学理论批评史教程（修订本）. 北京：北京大学出版社，2011.

44. 王国维. 人间词话. 黄霖等导读. 上海：上海古籍出版社，1998.

45. 佛雏校辑. 新订《人间词话》广《人间词话》. 上海：华东师范大学出版社，1990.

46. 刘烜. 王国维评传. 南昌：百花洲文艺出版社，2015.

47. 高迎刚. 故园之恋——王国维学术转向之过程及原因考辨. 济南：山东文艺出版社，2019.

48.（宋）朱熹. 四书章句集注. 济南：齐鲁书社，1992.

49. 吴泽主编. 王国维学术研究论集. 上海：华东师范大学出版社，1983.

50. 鲁迅. 且介亭杂文二集. 北京：人民文学出版社，2006.

51. 梁实秋. 现代中国文学之浪漫的趋势，浪漫的与古典的文学的纪律. 北京：人民文学出版社，1988.

52. 钱理群、温儒敏、吴福辉. 中国现代文学三十年（修订本）. 北京：北京大学出版社，1998.

53. 朱德发、韩之友选注. 鲁迅选集·杂文卷. 济南：山东文艺出版社，1990.

54.〔德〕黑格尔. 美学. 朱光潜译，北京：商务印书馆，1979.

55. 中共中央马克思恩格斯列宁斯大林著作编译局编译. 马克思恩格斯全集. 北京：人民出版社，1958.

56. 中共中央马克思恩格斯列宁斯大林著作编译局编. 马克思恩格斯选集. 北京：人民出版社，1972.

57.〔俄〕别林斯基. 别林斯基选集. 上海：上海译文出版社，1980.

58. 周作人. 中国新文学的源流. 上海：华东师范大学出版社，1995.

59. 李何林. 近二十年中国文艺思潮论·序. 西安：陕西人民出版社，1981.

60. 中共中央党史研究室. 中国共产党历史. 北京：中共党史出版社，2002.

61. 中共中央马恩列斯著作编译局马恩室. 马克思恩格斯著作在中国的传播. 北京：人民出版社，1983.

62. 中国现代文学史参考资料. 上海：上海教育出版社，1979.

63. 艾青. 艾青全集. 石家庄：花山文艺出版社，1991.

64.〔意〕葛兰西. 论文学. 吕同六译，北京：人民文学出版社，1983.

65.〔美〕托马斯·库恩. 科学革命的结构. 金吾伦、胡新和译. 北京：北京大学出版社，2012.

66.〔美〕雅克·马凯. 审美经验——一位人类学家眼中的视觉艺术. 吕捷译. 北京：商务印书馆，2016.

67.〔美〕沃尔特·李普曼. 舆论. 常江、肖寒译. 北京：北京大学出版社，2018.

68. 费孝通. 江村经济. 北京：北京大学出版社，2012.

69. 程俊英. 诗经译注. 上海：上海古籍出版社，2012.

70.（宋）朱熹撰. 四书章句·中庸章句. 济南：齐鲁书社，1992.

71.（清）邹一桂. 小山画谱. 上海：商务印书馆，1937.

72. 康有为. 万木草堂论艺. 北京：荣宝斋出版社，2011.

73. 周宪主编. 艺术理论基本文献——中国近现代卷. 北京：生活·读书·新知三联书店，2014年版.

74. 梁启超. 中国近三百年学术史（1923—1924课程讲义），北京：商务印书馆，2011.

75. 陈公哲. 行草书例. 北京：中国书店，1988.

76. 包天笑. 钏影楼回忆录. 香港：香港大华出版社，1971.

77. 姜进、李德英主编. 近代中国城市与大众文化. 北京：新星出版社，2008.

78. 鲁迅. 呐喊. 北京：中央编译出版社，2012.

79. 杨念群. 五四的另一面——“社会”观念的形成与新型组织的诞生. 上海：上海人民出版社，2018.

80. 辞源. 北京：商务印书馆，1988.

81. 鲁迅. 鲁迅全集（七）. 北京：人民文学出版社，1958.

82.（汉）许慎. 说文解字. 北京：中华书局，1963.

83. 杨伯峻. 论语译注. 北京：中华书局，1980.

84. 杨伯峻. 孟子译注. 北京：中华书局，1960.

85. 王文锦. 礼记译解. 北京：中华书局，2001.

86.（南朝宋）范晔. 后汉书（卷二十六）. 北京：中华书局，1965.

87. 鲁迅. 而已集. 北京：人民文学出版社，1973.

88. 杨伯峻编著. 春秋左氏传. 北京：中华书局，1990.

89. 沈玉成. 左传译文. 北京：中华书局，1981.

90. 梁启超. 清代学术概论. 上海：上海古籍出版社，1998.

91.（清）刘宝楠. 论语正义. 转引自《诸子集成（一）》. 北京：团结出版社，1996.

92. 章太炎. 国学概论　国学略说. 南昌：江西教育出版社，2012.

93. 郭绍虞主编. 中国历代文论选. 上海：上海古籍出版社，1979.

94. 董学文. 文学理论学导论. 北京：北京大学出版社，2004.

95.〔美〕刘若愚. 中国文学理论. 杜国清译. 南昌：江苏教育出版社，2005.

96.〔加〕叶嘉莹. 王国维及其文学批评. 石家庄：河北教育出版社，1997.

97. 宗白华. 美学散步. 上海：上海人民出版社，1981.

98. 老舍. 文学概论讲义. 上海：复旦大学出版社，2004.

99. 朱光潜. 诗论. 北京：生活·读者·新知三联书店，1984.

100. 张法主编. 中国美学史. 北京：高等教育出版社，2015.

101. 朱光潜. 文艺心理学. 合肥：安徽教育出版社，1996.

102. 陈伟. 中国现代美学思想史纲. 上海：上海人民出版社，1993.

103. 沈宁编. 滕固艺术文集. 上海：上海人民美术出版社，2003.

104. 宗白华. 宗白华全集. 合肥：安徽教育出版社，1994.

105. 吕澂. 美学浅说. 北京：商务印书馆，中华民国十二年初版.

106. 蔡仪. 蔡仪文集. 北京：中国文联出版社，2002.

107.〔美〕塞缪尔·亨廷顿、劳伦斯·哈里森主编. 文化的重要作用——价值观如何影响人类进步. 程克雄译，北京：新华出版社，2010.

108.〔美〕唐纳德·普雷齐奥西. 艺术史的艺术：批评读本. 易英、

王春辰、彭筠等译. 上海：上海人民出版社，2016.

109. 李欧梵. 上海摩登——一种新都市文化在中国1930—1945. 毛尖译. 北京：北京大学出版社，2001.

110.（魏）王弼注、楼宇烈校释. 老子道德经注校释. 北京：中华书局，2008.

111. 钱竞、王飚. 中国20世纪文艺学学术史（第一部）. 上海：上海文艺出版社，2001.

112. 高迎刚：《中国当代公共文化建设与经济转型的美学思考》，《上海师范大学学报（哲学社会科学版）》2018年第4期.

113. 杜书瀛：《文艺美学的教父》，《南方文坛》2002年第5期.

114. 王一川：《回到语言艺术原点——文艺美学的三次转向与当前文学的间性特征》，《文学评论》2019年第2期.

115. 周来祥：《我对文艺美学的研究与理解》，《中外文化与文论》（9辑），四川教育出版社2002年版.

116. 胡经之：《超越古典：文艺美学新方向》，《文艺研究》2000年第1期.

117. 王一川：《今日文艺美学的限度与开放》，《当代文坛》2006年第6期.

118. 姚文放：《文艺美学走向文化美学是否可能？》，《社会科学战线》2005年第4期.

119. 马龙潜：《文艺美学与文艺研究诸相邻学科之间的互动关系》，《山东社会科学》2008年第12期.

120. 王昌树：《当代中国文艺美学研究的三种形态》，《西华大学学报（哲学社会科学版）》2006年第5期.

121. 黄子平、陈平原、钱理群：《论“二十世纪中国文学”》，《文学评论》1985年第5期.

122. 杜书瀛：《对中国文艺学学术史的百年回顾与反思》，《甘肃社会科学》2000年第2期.

123. 杜书瀛:《二十世纪三四十年代：中国现代文学理论的成型期》,《江汉论坛》2015年第1期.

124. 罗钢:《意境说是德国美学的中国变体》,《南京大学学报（哲学·人文科学·社会科学版）》2011年第5期.

125. 陈传才:《二十世纪中国文学理论与著作概述》,《中国出版》1991年第7期.

126. 卢铁澎:《“美学观点和历史观点”探源》,《首都师范大学学报》（社会科学版）1997年第3期.

127. 季水河:《百年反思：20世纪马克思主义文艺理论在中国的传播、发展与问题》,《湖南师范大学社会科学学报》2005年第1期.

128. 秦正为:《1930年代中国现代化的萌动及其社会主义走向》,《长白学刊》2010年第3期.

129. 黄修卓:《20世纪二三十年代中国社会性质论战对马克思主义中国化的影响》，郑州大学学报（哲学社会科学版）2010年第2期.

130. George F. Kneller著，黄亚平译:《从“猜想”到“范式”》,《世界科学》1981年第5期.

131. 曾令华、尹馨宇:《“范式”的意义——库恩〈科学革命的结构〉文本研究》，武汉理工大学学报（社会科学版）2019年第6期.

132. 雷颐:《闻一多与中国现代知识分子的历史命运》,《东方》1993年创刊号.

133. 陈大悲:《演剧人的责任是什么？》,《戏剧》1921年第1卷第1期.

134. 淑美:《从非个人主义的文学谈到文人的“行”的问题》,《汉江思潮》1935年第3卷第2期.

135. 巴人:《展开文艺领域中反个人主义斗争》,《文艺阵地》1939年第3卷第1期.

136. 王德胜、潘黎勇：《“借思想文化以解决问题”——中国现代美学的一种逻辑范式》，《文学评论》2009年第4期.

137. 陈雪虎：《中国早期现代“文学”名义试探：由朱希祖回溯周氏兄弟》，《文艺理论研究》2016年第 4 期.

138. 朱希祖：《文学论》，《北京大学月刊》1919年第1卷第1期.

139. 张健：《纯文学、杂文学观念与中国文学批评史》，《复旦学报（社会科学版）》2018年第2期.

140. 毛庆耆、谭志图：《评〈中国文学理论〉》，《文艺理论与批评》1996年第2期.

141. 侯敏：《论老舍对中国文学理论体系的创构》，《玉林师范学院学报（哲学社会科学）》2008年第1期.

142. 劳承万：《论朱光潜的美学体系及其当代意义》，《湛江师范学院学报（哲学社会科学版）》1997年第3期.

143. 徐大纯：《述美学》，《东方杂志》1915年第十二卷第一号.

144. 蔡元培：《文化运动不要忘了美育》，转引自《广播周报》，1937年第125期.

145. 蔡元培：《以美育代宗教说：在北京神州学会演讲》，《新青年》1917年第3卷第6期.

146. 谷鹏飞：《“美的本质”的早期讨论与中国现代美学体系的奠基》，《西北大学学报》2017年第1期.

147. 梁启超：《论小说与群治之关系》，《新小说》1902年第1卷第1期.

148. 庶庄：《艺坛片影：理想之新戏目序》，《娱闲录：四川公报增刊》1915年第16期.

149. 黑婴：《春光曲》，《狂流》1933年第1卷第1期.

150. 唐钧，陈伟：《民国上海流行歌曲的音乐审美特征》，《上海师范大学学报（哲学社会科学版）》2015年第3期.

151. 朱琰：《从民国初期女性服饰的艺术风格演变看审美观念的转型》,《艺术百家》2016年第2期.

152. 何述道：《女学生之服装与风尚》,《中华女中校刊》1911年第6期.

153.《省府联席办公时刘主席指示两项要政：改革不良风尚，提倡正常娱乐》,《四川省政府公报》1936年第54期.

154. 赵志红：《文化现场与体系重构——20世纪初中国美术史研究的现代转向》,《美术观察》2019年第10期.

155. 王强、李敏：《从“四个现代化”到“四个全面”——中国特色社会主义现代化道路的探索及其经验》,《山西师大学报（社会科学版）》2017年第5期.

156. 陶水平、朱媛：《当代中国文艺美学研究的理论范式与学科演进》,《中州学刊》2008年第5期.

157. 张凤阳：《艰难的选择——从现代化理论的历史演变看第三世界国家的政治发展》,《江海学刊》1996年第6期.

后　记

匆匆，又是一年。

历经五年思考、研讨与写作，《文化转型视野下中国文艺美学现代化进程研究（1900—1949）》一书终于完成。本书是教育部人文社会科学重点研究基地重大项目“文化转型中的现代中国文艺美学理论进程”的结项成果，是在山东大学文艺美学中心曾繁仁教授、谭好哲教授、马龙潜教授等我的诸位恩师的指导下，在山东大学艺术学院傅松雪教授、王潇博士、沈媛媛博士等诸位课题组成员的通力合作中完成的。

自项目立项以来，课题组成员便开始了各种规模不等、方式各异的交流与研讨，使我感慨颇多也收获良多。诚如本书书名所示，本课题主要以中国文化的现代转型为背景，梳理中国文艺学美学的现代转型（观念与范式）与理论建构（体系）过程，归纳20世纪上半叶中国文艺学美学发生发展的内在规律；从中分析“文艺美学”概念所蕴含的审美观念、审美范式的孕育和形成过程，进而探讨“文艺美学”在二十世纪中国萌生的动力机制和发展规律。如前所述，本书是我与诸位课题组成员通力合作的成果，课题研究思路、论证逻辑、写作大纲由我提出，绪论、第一章、第二章，以及结语部分也由我撰稿；傅松雪教授负责第三章，王潇博士负责第四章和第六章，沈媛媛博士负责第五章；最后由我负责完成全书统稿工作。虽然我在统稿过程中尽量做到观念、思路、风格、格式的统一，成书之后也还是不免会担心存在错漏之处。想到即将付梓印刷，仍不免心生惴惴。

除了一直与我并肩努力的课题组成员，本书的完成还有赖山东教育出版社诸位领导、编辑的热心帮助，特别是责任编辑左娜女士的辛勤付出，她不仅完成了书稿的多次校对、编辑、排版等非常繁重的工作，还承担了各种繁琐的程序性事务。

感谢山东大学文艺美学研究中心诸位师友的热心帮助，本课题从立项到完成，处处得到中心诸位老师的指导和帮助，使我在艰苦的思考和写作过程中倍感温暖。

最后，还要感谢我的妻子李劲松教授，写作期间她不仅承担了大部分家务，还帮我完成了最后一遍校对工作。

高迎刚

辛丑夏末于泉城济南